1+X 职业技术·职业资格培训教材

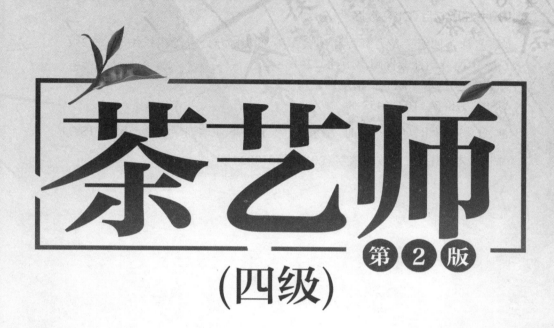

# 茶艺师

## 第2版

## （四级）

---

### 第2版

| | |
|---|---|
| 编写单位 | 上海市茶叶学会 |
| 修订人员 | 卢祺义　刘钟瑞　张小霖　高文娟　郭 勤　闻 芳 |
| 审　稿 | 周星娣 |

---

### 第1版

| | |
|---|---|
| 编写单位 | 上海市茶叶学会 |
| 主　编 | 刘启贵 |
| 副主编 | 周星娣 |
| 执行主编 | 卢祺义 |
| 编　者 | 卢祺义　乔木森　徐传宏　刘钟瑞　张小霖　高文娟　曹海燕 |
| 主　审 | 刘修明 |

中国劳动社会保障出版社

**图书在版编目（CIP）数据**

茶艺师：四级 / 人力资源和社会保障部教材办公室等组织编写. —2版.
—北京: 中国劳动社会保障出版社，2016

1+X职业技术·职业资格培训教材

ISBN 978-7-5167-2453-8

Ⅰ.①茶…　Ⅱ.①人…　Ⅲ.①茶叶 – 文化 – 职业培训 – 教材　Ⅳ.①TS971

中国版本图书馆CIP数据核字（2016）第070024号

中国劳动社会保障出版社出版发行

（北京市惠新东街 1 号　邮政编码：100029）

\*

北京市白帆印务有限公司印刷装订　　　新华书店经销

787 毫米 ×1092 毫米　16 开本　11 印张　175 千字

2016 年 4 月第 2 版　　2023 年 3 月第 6 次印刷

定价：38.00 元

营销中心电话：400-606-6496

出版社网址：http://www.class.com.cn

# 内 容 简 介

　　本教材由人力资源和社会保障部教材办公室、中国就业培训技术指导中心上海分中心、上海市职业技能鉴定中心依据上海 1+X 茶艺师（四级）职业技能鉴定细目组织编写。教材从强化培养操作技能、掌握实用技术的角度出发，较好地体现了当前最新的实用知识与操作技术，对于提高从业人员基本素质、掌握茶艺师（四级）核心知识与技能有直接的帮助和指导作用。

　　本教材根据该职业的工作特点，以能力培养为根本出发点，采用模块化的方式编写。全书共分为 6 章，内容包括茶叶加工与鉴赏、品茗环境、茶器具选配、泡茶用水、茶艺技能、茶馆管理等。

　　本教材可作为茶艺师（四级）职业技能培训与鉴定考核教材，也可供全国中、高等职业技术院校相关专业师生参考使用，以及本职业从业人员培训使用。

# 改 版 说 明

　　《1+X 职业技术·职业资格培训教材——茶艺师（初级）》《1+X 职业技术·职业资格培训教材——茶艺师（中级）》《1+X 职业技术·职业资格培训教材——茶艺师（高级）》自 2008 年正式出版以来，受到广大读者的普遍好评，已经多次重印。全国，尤其是上海的中等职业学校、社会办学学校等茶艺师培训多采用此教材开设相关课程，一些社区茶艺师培训班也将此教材用作培训教材或参考资料。2008 版茶艺师教材为上海乃至全国茶艺师培训做出了一定贡献。

　　八年来，我们在茶艺师教学实践中收集和积累了一些新的内容和素材，同时，伴随着茶文化事业的不断发展，书中有些数据、图表和文字表述等均有不同程度更新修改的必要。为此，我们在广泛收集读者反馈意见和建议的基础上，依据上海 1+X 职业技能鉴定考核细目，结合这些年的教学实践，对书稿进行了全面的改版。第 2 版教材涉及结构调整、资料更新、错误纠正、内容扩编等，从强化培养操作技能、掌握一门实用技术的角度出发，较好地体现了本职业当前最新的实用知识和操作技能。

　　第 2 版教材由卢祺义、刘钟瑞、张小霖、高文娟、郭勤、闻芳共同完成，周星娣组织编写团队并统稿。姚建静参与了部分图片的摄制。

　　第 2 版教材虽经广泛收集和征求读者的意见，但因时间仓促，不足之处在所难免，欢迎读者提出宝贵意见和建议，以便重印或修订时改正。

周星娣

2016 年 1 月

职业培训制度的积极推进，尤其是职业资格证书制度的推行，为广大劳动者系统地学习相关职业的知识和技能，提高就业能力、工作能力和职业转换能力提供了可能，同时也为企业选择适应生产需要的合格劳动者提供了依据。

随着我国科学技术的飞速发展和产业结构的不断调整，各种新兴职业应运而生，传统职业中也愈来愈多、愈来愈快地融进了各种新知识、新技术和新工艺。因此，加快培养合格的、适应现代化建设要求的高技能人才就显得尤为迫切。近年来，上海市在加快高技能人才建设方面进行了有益的探索，积累了丰富而宝贵的经验。为优化人力资源结构，加快高技能人才队伍建设，上海市人力资源和社会保障局在提升职业标准、完善技能鉴定方面做了积极的探索和尝试，推出了 1 + X 培训与鉴定模式。1 + X 中的 1 代表国家职业标准，X 是为适应经济发展的需要，对职业的部分知识和技能要求进行的扩充和更新。随着经济发展和技术进步，X 将不断被赋予新的内涵，不断得到深化和提升。

上海市 1 + X 培训与鉴定模式，得到了国家人力资源和社会保障部的支持和肯定。为配合 1 + X 培训与鉴定的需要，人力资源和社会保障部教材办公室、中国就业培训技术指导中心上海分中心、上海市职业技能鉴定中心联合组织有关方面的专家、技术人员共同编写了职业技术·职业资格培训系列教材。

职业技术·职业资格培训教材严格按照 1 + X 鉴定考核细目进行编写，内容充分反映了当前从事职业活动所需要的核心知识与技能，较好地体现了适用性、先进性与前瞻性。聘请编写 1 + X 鉴定考核细目的专家，以及相关行业的专家参与教材的编审工作，保证了教材内容的科学性及与鉴定考核细目以及题库的紧密衔接。

  职业技术·职业资格培训教材突出了适应职业技能培训的特色，使读者通过学习与培训，不仅有助于通过鉴定考核，而且能够有针对性地进行系统学习，真正掌握本职业的核心技术与操作技能，从而实现从懂得了什么到会做什么的飞跃。

  职业技术·职业资格培训教材立足于国家职业标准，也可为全国其他省市开展新职业、新技术职业培训和鉴定考核，以及高技能人才培养提供借鉴或参考。

  新教材的编写是一项探索性工作，由于时间紧迫，不足之处在所难免，欢迎各使用单位及个人对教材提出宝贵意见和建议，以便教材修订时补充更正。

人力资源和社会保障部教材办公室

中国就业培训技术指导中心上海分中心

上海市职业技能鉴定中心

目录

# 第1章
# 茶叶加工与鉴赏

**引导语**

中国是茶树的原产地，也是最先掌握制茶技术的国家。在漫长的历史演变过程中，茶从治病的药物而发展为日常的饮料，这中间离不开茶叶加工技术的改进和提高。几千年来，茶农们创造了各种茶类的制作方法，我国是世界上茶类最多的国家。

了解制茶工艺，有利于我们针对各类茶叶掌握冲泡的方法。通过科学而适宜的冲泡，可以使各类茶的特性得到充分发挥。

本章分别介绍绿茶、红茶、乌龙（青）茶、黄茶、白茶、黑茶、再加工茶等茶类的制作技术和工艺流程。

本章同时介绍龙井茶、黄山毛峰、碧螺春等中国名茶的品质特征。

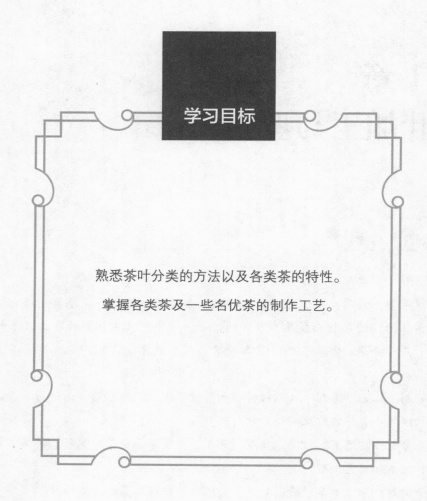

学习目标

熟悉茶叶分类的方法以及各类茶的特性。

掌握各类茶及一些名优茶的制作工艺。

# 第 1 节　制茶的演变

由发现野生茶树到唐宋时期茶普遍作为饮料，中国茶叶制作经过了漫长而复杂的变革过程。人们对茶叶的利用开始是咀嚼鲜叶，生煮羹饮，继而是晒干收藏。至三国时期，人们已将采来的茶叶先做成茶饼，晒干或烘干，饮用时，碾碎冲泡，这是制茶工艺的萌芽。

到了唐代，茶已成为人们普遍的饮料。为了消除茶饼的青臭味，人们发明了蒸青茶制法，即将鲜叶蒸后捣碎，制饼穿孔，穿串烘干，茶叶品质有了很大提高。自唐至宋，贡茶兴起，促进茶叶新产品不断涌现，制茶技术也不断得到革新和提高，先是由蒸青团（饼）茶改为蒸青散茶，饮用时不再碾碎而是全叶冲泡。在此期间，人们创造了炒青技术。到了明代，炒青茶的制法日趋完善，其制法大体是高温杀青、揉捻、复炒、烘焙至干，这与现代炒青绿茶制作工艺非常相似。明代以后，在生产炒青绿茶的基础上，制茶工艺逐步变革，新的发明创造不断出现，因而相继产生了新的茶类，如红茶、黄茶、乌龙（青）茶等。

新中国成立以后，随着生产力水平的不断提高，我国的茶叶生产也逐步从手工生产发展为机械化生产。新的制茶机械不断研制产生，新的制茶工艺则逐步配套完善。

## 一、茶叶分类

我国茶叶分类方法，有的以产地分，有的以采茶季节分，有的以制造方法分，有的以销路分，有的以品质分。现在对茶叶的分类，基本上是以加工工艺和产品特性为主，将茶叶分为基本茶类和再加工茶类。

### 1. 基本茶类

各种茶叶品质不同，制法也不同。从鲜叶经过加工制成的成品茶，称为基本茶类。基本茶类包括绿茶类、红茶类、乌龙（青）茶类、黄茶类、白茶类和黑茶类六大茶类。

（1）绿茶类（见图 1—1）。绿茶是我国产量最多的一类茶叶。根据加工方法的不同，绿茶可进一步进行区分（见表1—1）。

图1—1　绿茶

表1—1　绿茶分类

| 名称 | 制作方法 | 代表品种 |
| --- | --- | --- |
| 炒青 | 利用高温锅炒杀青和锅炒干燥制成 | 龙井茶、碧螺春、炒青茶等 |
| 烘青 | 用烘干机具等烘制成 | 黄山毛峰、太平猴魁、庐山云雾等 |
| 晒青 | 利用日光晒干 | 滇青、陕青、川青等 |
| 蒸青 | 用蒸汽处理后制成 | 玉露、煎茶等 |

（2）红茶类。根据制作方法的不同，红茶分为三种（见表1—2）。

表 1—2　红茶分类

| 名称 | 制作方法与特点 | 分布 |
|---|---|---|
| 小种红茶 | 是福建省特有的一种红茶，因加工过程中用松枝作燃料，使其成品具有特殊的松烟香，味似桂圆汤 | 福建 |
| 工夫红茶（见图 1—2） | 由小种红茶发展演变而产生，属条形茶。由于工艺技术要求高，筛分精细，故名 | 云南、福建、安徽等省 |
| 红碎茶 | 是目前世界上消费量最大的茶类。因加工过程中经机器切碎工序，成品外形细碎呈颗粒状，所以称为"碎茶" | 云南、广东、海南、广西等省区 |

**图 1—2　工夫红茶**

（3）乌龙（青）茶类。青茶是我国特产，主产于福建、广东、台湾三省。青茶的种类，因茶树品种的不同而形成各自独特的风味；产地不同，品质差异十分显著。乌龙（青）茶主要分为四类（见表 1—3）。

表1—3　乌龙茶分类

| 名称 | 产地 | 代表品种 |
| --- | --- | --- |
| 闽北乌龙茶 | 福建北部武夷山一带 | 武夷岩茶、水仙、大红袍、铁罗汉、白鸡冠、水金龟等 |
| 闽南乌龙茶 | 福建南部 | 安溪铁观音、黄金桂、毛蟹、本山等 |
| 广东乌龙茶 | 广东潮州地区 | 凤凰单枞、岭头单枞等 |
| 台湾乌龙茶 | 台湾台北、新竹、南投等地 | 台湾乌龙（见图1—3）、台湾包种 |

图1—3　台湾乌龙

（4）黄茶类。黄茶制作基本工艺流程近似绿茶。依原料芽叶的嫩度和大小，黄茶可分为黄芽茶、黄小茶、黄大茶。黄芽茶如君山银针、霍山黄芽、蒙顶黄芽，黄小茶如北港毛尖、平阳黄汤（见图1—4），黄大茶如霍山黄大茶、广东大叶青等。

**图 1—4** 平阳黄汤

（5）白茶类。白茶主产于福建省，成茶外表披满白色茸毛，呈白色隐绿，所以称为白茶。白茶品种有白毫银针、白牡丹（见图 1—5）、贡眉、寿眉等。

**图 1—5** 白牡丹

（6）黑茶类。黑茶成茶叶色油黑或黑褐，是压制各种紧压茶的主要原料。因产区和工艺上的差别，黑茶有湖南黑茶、湖北老青茶、四川边茶、滇桂黑茶和云南普洱茶之分。图1—6所示为黑茶类中的茯砖茶。

**图1—6** 茯砖茶

### 2. 再加工茶类

用基本茶类中的茶为原料，进行再加工以后的产品，统称再加工茶类。再加工茶类主要包括花茶、紧压茶、萃取茶、果味茶、药用保健茶和含茶饮料等，见表1—4。

表1—4　再加工茶类分类

| 名称 | 制作方法 | 代表品种 |
|---|---|---|
| 花茶 | 用绿茶中的烘青绿茶和香花窨制而成 | 茉莉花茶、玫瑰花茶、柚子花茶等 |
| 紧压茶 | 以已制成的红茶、绿茶、黑茶的毛茶为原料，经过再加工蒸压成型而制成 | 沱茶、米砖、老青砖、六堡茶、饼茶等 |

续表

| 名称 | 制作方法 | 代表品种 |
|---|---|---|
| 萃取茶 | 以成品茶或半成品为原料，通过萃取、过滤，获得茶汁，制备成固体或液态茶 | 罐装饮料茶、浓缩茶及速溶茶 |
| 果味茶 | 茶叶半成品或成品加入果汁后制成的各种果味茶 | 荔枝红茶、柠檬红茶、山楂茶等 |
| 药用保健茶 | 用茶叶和某些中草药或食品拼和调配后制成的各种保健茶 | 如滋补抗辐射的"首乌松针茶"、降低血压的"菊槐降压茶"、补肝明目的"枸杞茶"等 |
| 含茶饮料 | 在饮料中添加各种茶汁 | 茶可乐、茶叶汽水和茶酒等 |

## 二、茶叶初制技术

从茶树上采摘下来的芽叶叫作鲜叶，又称生叶、青叶、茶菁、茶草。鲜叶必须经过加工，制成各类茶叶，才适宜饮用和储藏。这种经过加工而制成的成品叫茶叶，简称茶。

目前我国的茶叶制造分两大过程：由鲜叶处理到干燥为止的一段过程，叫作初制，其制成品称为毛茶；毛茶再经过加工处理的过程，叫作复制，或称精制，其成品名称叫精茶。本节主要讲述各类茶叶的初制工艺过程。

### 1. 绿茶的初制工艺

中国是世界绿茶的主产国，2008 年中国绿茶产量占世界绿茶总产量的 80% 左右，出口量占世界绿茶总出口量 78% 左右，由此可见中国绿茶生产在世界茶叶生产中具有的重要地位。

绿茶按制法可分四大类，即炒青绿茶、烘青绿茶、晒青绿茶、蒸青绿茶。全国产茶省区都有绿茶生产，也几乎都生产这四类绿茶，但尤以炒青绿茶为多。绿茶的加工原理和技术要求基本相似，在这里仅以炒青绿茶制作为例讲解。

炒青绿茶的初制工艺分杀青、揉捻与解块、干燥三个过程。

（1）杀青。杀青是绿茶初制的第一道工序，也是决定制成绿茶品质好坏的关键。杀青的目的，一是利用高温迅速破坏鲜叶中酶的活动性，制止多酚类物质酶促氧化，以保持茶叶原有的青绿色；二是利用高温促使低沸点芳香物质挥发，发展茶香；三是加速鲜叶中化学成分的水解和热裂解，为绿茶品质形成奠定基础；四是蒸发一部分水分，使鲜叶变柔软，便于揉捻作业的进行。

杀青主要应掌握两个原则，即高温杀青，先高后低和嫩叶老杀，老叶嫩杀。

杀青叶适度的主要标志是"叶色暗绿水分少，梗子弯曲断不了，香气显露青气消"。检验时要求无红梗红叶，叶质柔软带黏性，手捏茶叶成团，稍有弹性，青草气消失，发出茶香。

（2）揉捻与解块。揉捻是炒青绿茶塑造条状外形的一道工序，揉捻的目的是初步做形，使茶叶卷曲成条，形成良好的外形，同时适当揉破叶细胞，提高成茶滋味浓度。

做名特优茶常用手工揉捻，大批量生产基本用机器揉捻（见图1—7）。制绿茶的揉捻工艺有冷揉与热揉之分，嫩叶宜用冷揉，因嫩叶纤维少、韧性大、水溶性果胶含量多，易形成条索，且嫩叶冷揉能保持黄绿明亮的汤色和嫩绿的叶底。老叶因纤维多、叶质粗硬，宜采用热揉，这是利用叶质受热变软的特性，有利于老叶揉紧成条，减少碎末茶，提高外形品质。

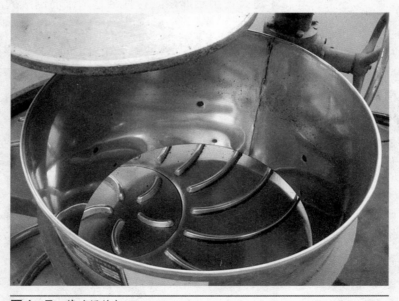

**图1—7** 茶叶揉捻机

揉捻过程中，加压有轻重之分，整个揉捻过程的加压原则应该是"轻—重—轻"，开始揉捻的 5 分钟内不应加压，待叶片逐渐沿着主脉初卷成条后再加压，促进条索形成和细胞的破碎，待茶汁揉出后，再放松轻压，使茶汁被茶条吸收，以免流失。

杀青叶经过揉捻后，如结成团块，则需经解块分筛机分筛，解散团块，降低叶温，以利于使茶条挺直均匀一致，保持绿茶清汤绿叶的品质特征。

（3）干燥。干燥的目的包括：第一，散失水分，经揉捻解块后的茶坯中，含有 60% 左右的水分，既无法保持品质，也无法储藏运输，因此必须干燥，以固定其品质。第二，继续破坏叶中残余酶的活性，进一步发挥茶香。第三，固定揉捻后的外形条索，并在炒干过程中采用不同的方法以制作成茶的特殊形状，如龙井茶的扁平形、碧螺春的螺旋形、珠茶的圆珠形等。干燥方法分炒干、烘干与晒干等，炒干的称炒青、烘干的称烘青、晒干的称晒青，由于干燥方法的不同，其成茶品质也各异。绿茶的干燥一般分两次进行，即初干与再干。图 1—8 所示为茶叶烘干机。

**图 1—8** 茶叶烘干机

### 2. 红茶的初制工艺

红茶是我国生产和出口的主要茶类之一。全国红茶生产量占茶叶总产量的四分之一，出口量占全国茶叶出口总量的半数以上。我国红茶有工夫红茶、小种红茶、红碎茶之分，它们的制法大同小异，都有萎凋、揉捻、发酵、干燥四道工序。

工夫红茶的制作分初制与精制两个阶段，这里主要讲述工夫红茶的初制工艺。

（1）萎凋。萎凋是指鲜叶经过一段时间失水，使一定硬脆的梗叶呈萎蔫凋谢状态的过程。

1）萎凋的目的。萎凋的目的有二：一是蒸发部分水分，降低鲜叶细胞张力，使叶质由脆变软，增加芽叶的韧性，便于揉捻成条；二是由于水分的散失而引起一系列化学变化，为形成红茶色香味的特定品质奠定物质变化的基础。

2）萎凋的方法。萎凋的方法有自然萎凋与萎凋槽萎凋两种。自然萎凋又分室外日光萎凋和室内自然萎凋。利用萎凋槽（见图1—9）萎凋，可节省厂房面积，降低劳动强度，又能较好地控制萎凋工艺进程，且质量较好，是目前我国普遍使用的方法。

图1—9　萎凋槽

（2）揉捻。揉捻是将萎凋叶在一定的压力下进行旋转运动。揉捻是形成工夫红茶品质的一道重要工序。

1）揉捻的目的。揉捻的目的有三：一是破坏叶细胞组织，使茶汁揉出，便于在酶的作用下进行必要的氧化作用；二是使茶汁溢出，粘于茶条的表面，增进色香味浓度；三是使芽叶卷紧成条，增进外形美观，达到工夫红茶的规格要求。

2）揉捻的方法。揉捻的方法一般视萎凋叶的老嫩度而异。一般来说，嫩叶揉时宜短，加压宜轻；老叶揉时宜长，加压宜重；轻萎凋叶适当轻压，重萎凋叶适当重压；气温高揉时宜短，气温低揉时宜长。加压应掌握轻、重、轻原则。揉捻后要进行解块筛分散热。

（3）发酵。发酵是使茶坯中化学成分在有氧的情况下继续氧化变色的过程。

发酵的目的在于使芽叶中的多酚类物质在酶促作用下产生氧化聚合作用，生成茶黄素和茶红素，其他化学成分也同时相应地发生深刻的变化，使绿色的茶坯产生红变，形成红茶特有的色香味品质。

大型茶厂大多使用发酵车发酵，一般乡镇企业应用盘式发酵较广。发酵温度一般由低至高，然后再降低。当叶温平稳并开始下降时即为发酵适度；叶色由绿变黄绿而后开始变成黄红色，是发酵适度的色泽标志；青草气消失，出现一种新鲜清新的花果香，则是发酵适度应有的香气。如果带酸馊气，则表示发酵已经过度。

（4）干燥。干燥是将发酵好的茶坯，采用高温烘焙，迅速蒸发水分达到保质干度的过程。

1）干燥的目的。一是利用高温迅速地钝化各种酶的活性，停止发酵，使发酵形成的品质固定下来；二是蒸发水分，缩小体积，紧缩茶条，固定外形，保持足干，防止霉变；三是散发大部分低沸点的青草气，激化并保留高沸点的芳香物质，获得红茶的特有香气。

2）干燥的步骤。红茶干燥一般分两次进行，第一次称毛火，第二次称足火。毛火温度较高，减少不利于品质的变化。下烘摊凉30分钟左右。足火温度较低，烘至茶叶含水量5%～6%，足火下烘后应立即摊凉。散发热气，待茶叶温度降至略高于室温时装箱储藏。

### 3. 乌龙茶的初制工艺

乌龙茶具有独特的风格和品质，产区分布于福建、广东和台湾三省。福建所产的乌龙茶量多质优，花色品种繁多，其中又以武夷岩茶和安溪铁观音品质特优。近年来，台湾省的乌龙茶生产发展很快，其乌龙茶与包种茶的输出量已占总输出量的五分之四，且品质优良，深受消费者的欢迎。

乌龙茶的制法吸取了绿茶和红茶制法的优点，叶底绿叶边红，香味兼备绿茶的鲜浓和红茶的甜醇。由于乌龙茶种类较多，各种类加工方法又各具特色，所以这里仅就乌龙茶加工的共同处选择要点加以叙述。乌龙茶制作工序概括起来可分为晒青、摇青（见图1—10）、凉青、杀青、揉捻、干燥等，具体操作工序如下。

图1—10　摇青

（1）晒青。晒青是萎凋的一种方式，也称"日光萎凋"。晒青对乌龙茶品质有重要意义，不仅蒸发部分水分，使叶质柔软，便于摇青，而且提高叶温，有利于化学变化，为摇青过程准备良好条件。

（2）摇青。摇青也称做青，是乌龙茶制作特有的工序，也是形成乌龙茶品质的关键工序。将经晒青摊凉后的鲜叶置于水筛上（或摇青机内），通过力的作用或机器的转动，使茶叶在水筛上（或摇青机内）做回转运动，促使叶绿细胞受到摩擦，破坏叶细胞组织、茶多酚物质发生酶性氧化和缩合，产生有色物质和促进芳香类化合物的形成，同时水分继续缓慢地蒸发。由于叶缘受摩擦较多，使这一部分叶片变红。在整个做青过程中，摇青和凉青交替进行。做青的原则是：摇青的时间由少到多，凉青的时间由短到长，摊叶的厚度由薄到厚。

（3）凉青。经过摇青鲜叶又逐渐膨胀恢复弹性，经过静置凉青，叶表蒸发水分，叶子由硬变软。经过数次动静结合的过程，鲜味发生一系列的生物化学变化，青气减退，香气渐增，最后青气消退，显露花香。

（4）杀青（有的也叫炒青）。乌龙茶杀青是利用高温破坏酶的活力，停止发酵作用，防止叶片继续变红，固定做青形成的品质。另外，杀青蒸发一部分水分，使叶质柔软，适于揉捻。

（5）揉捻。揉捻是将杀青叶经过反复搓揉，使叶片由片状而卷成条索，形成乌龙茶所需要的外形，同时破碎叶细胞，使茶汁黏附叶表，以增浓茶汤。揉捻要掌握适量、趁热、逐步加压、短时的原则。闽南乌龙茶则要进行包揉复包揉以完成造型。

（6）干燥。应采取低温慢烤，一般分两次进行：第一次为毛烘至六七成干，第二次为足烘。

**4. 白茶的初制工艺**

白茶是我国特产，主产于福建省福鼎、政和、建阳、松溪，台湾省也有少量生产。白茶制法特异，不炒不揉，成茶外表满披白毫，呈白色，所以称白茶。

白茶制作工艺较为简单，但不易掌握，要求茶多酚轻度而缓慢地氧化，形成汤色嫩黄、叶底嫩白、香味清鲜的品质。具体制作工艺为萎凋和干燥。

（1）萎凋。萎凋是形成白茶特有品质的关键工序。鲜叶进厂后必须及时萎凋，摊叶要轻快均匀。将鲜叶薄摊在水筛内，然后放在通风的地方进行较缓慢的萎凋，直至七八成干，萎凋过程中不能翻拌。图1—11所示为鲜叶萎凋过程中。

**图 1—11** 鲜叶萎凋

（2）干燥。干燥的过程起着巩固和进一步发展萎凋过程中所形成的有益成分的作用，干燥多用烘焙的方法进行。萎凋至八成干的叶片，品质已基本固定下来，烘焙可排除多余的水分，使毛茶达到适宜的干度，并使具有青气和苦涩味的物质进一步转化，形成香气。干燥也有的在强烈的日光下进行，直到足干为止。

### 5. 黄茶的初制工艺

黄茶是我国特产，按鲜叶老嫩分为黄小茶和黄大茶。黄茶的品质特点是黄叶黄汤，香气清悦，味厚爽口。黄茶的制作工序为杀青、揉捻、闷黄、干燥，但揉捻并非黄茶加工必不可少的工序，如君山银针、蒙顶黄芽等就不经过揉捻工序。

（1）杀青。芽茶的杀青温度不宜过高，叶茶的杀青温度则比芽茶要高。黄茶杀青应掌握"高温杀青，先高后低"的原则，以杀透杀匀，彻底破坏酶的活性，防止产生红梗红叶。杀青叶要求无青草气，芽叶柔软，叶色变暗，香气显露即可。

（2）揉捻。黄茶揉捻要热揉，以利于加快闷黄的过程。芽茶可在锅内进行揉炒解块，也可放在篾盘内轻揉。大叶青则用中、小型揉捻机进行揉捻。

（3）闷黄。闷黄是制作黄茶的特殊工艺，也是形成黄叶、黄汤品质特点的关键工序。闷黄有的在杀青后进行，如沩山白毛尖；有的在揉捻后进行，如北港毛尖、温州黄汤；有的在毛火后进行，如霍山黄芽、黄大茶；也有的闷炒交替进行，如蒙顶黄芽；还有的烘闷结合进行，如君山银针。总之，闷黄是要为茶叶的黄变创造适当的湿热条件。

（4）干燥。干燥是利用高温进一步促进黄变和内质的转化，增进香气，散发水分，以利于储存。干燥方法有烘干和炒干两种，一般采用分次干燥，干燥温度偏低，第一次到七八成干，第二次到足干。

### 6. 黑茶的初制工艺

黑茶也是我国特有的茶类，生产历史悠久，产区广，产销量大，花色品种很多。湖南黑茶、四川边茶、广西六堡茶、云南普洱茶等均属黑茶类。黑茶是经过渥堆后发酵的茶类，初制工艺各地略有不同。这里仅以湖南黑茶为例，介绍黑茶的制造工艺。湖南黑茶初制工艺分杀青、揉捻、渥堆、复揉、干燥五道工序。

（1）杀青。杀青的目的与绿茶相同，是利用高温破坏酶的活性，使叶内水分蒸发散失，促使叶质变软，便于揉捻。因鲜叶较为粗老，为了避免水分不足而杀不匀透，一般除雨水叶、露水叶和幼嫩芽叶外，都要进行洒水灌浆。洒水灌浆时要边翻动边洒水，使之均匀一致，以便杀青能杀匀杀透。

一般杀青后减重率在 40% 左右。控制水分避免大量蒸发，使后续工序在水介质中顺利地进行可溶性物质的相互作用，是形成黑茶品质的先决条件。

（2）揉捻。揉捻的作用主要在于破坏叶细胞，使茶汁附于叶的表面，为进行下道工序创造条件，并使叶片初步成条。鲜叶粗老，杀青后要迅速地趁热揉捻。加压时也要掌握轻、重、轻原则，但以松压和轻压为主，即采用"轻压、短时、慢揉"的办法。

（3）渥堆。渥堆是黑茶制作的特有工序，也是形成黑茶品质的关键性工序。经过这道特殊工序，叶内的内含物质发生一系列复杂的化学变化，形成黑茶特有的色香味。

渥堆要保湿保温，根据堆温适时翻动。茶堆要适当筑紧，但不能筑紧过度，以防堆内缺氧，影响渥堆质量。当叶色由暗绿变为黄褐，青气消除，发出酒糟气味，黏性减少，即为渥堆适度。

（4）复揉。复揉的主要目的是使渥堆回松的叶片进一步揉成条，并进一步破坏叶细胞，以提高茶的紧结度和香味的浓度。

（5）干燥。干燥采取机器烘干或日光晒干，但湖南安化黑茶的传统制法一般是在特砌的"七星灶"上用松柴明火烘焙，因此形成黑茶特有的油黑色，并带有特殊的松烟香味。黑茶的分层累加湿坯和长时间的一次干燥，与其他茶类不同。

## 三、再加工茶类制作

所谓再加工茶，即以成品茶为原料进一步深加工为新的品种，如花茶、紧压茶、速溶茶等。有的成品茶在再加工的过程中，品质变化不大，如花茶、黑砖茶。有的则品质变化很大，如云南的紧茶、大圆饼茶是用晒青绿茶加工的，但经过堆积变色等工序，已成为黑茶。

这里主要介绍花茶、紧压茶的制作方法。

### 1. 花茶的窨制

花茶是中国特有的茶类，它以经过精制的烘青绿茶为原料，用清高芬芳或馥郁甜香的香花窨制而成。经过窨制，花茶形香兼备，别具风韵。

花茶也称熏花茶、香花茶、香片。花茶命名有的是依窨制的花类而定的，如茉莉花茶、珠兰花茶、玉兰花茶、柚子花茶、玳玳花茶和玫瑰花茶等；也有的是把花名和茶名连在一起的，如珠兰大方、茉莉烘青等；还有的是在花名前加上窨花次数的，如双窨茉莉花茶等。

花茶的窨制是将鲜花与茶叶拌和，在静止状态下，茶叶缓慢吸收花香，然后除去花朵，将茶叶烘干而成花茶。花茶加工是利用鲜花吐香和茶叶吸香两个特性，一吐一吸，使茶味花香水乳交融，这是花茶窨制工艺的基本原理。由于鲜花的吐香和茶叶的吸香是缓慢进行的，所以花茶窨制过程的时间较长。

凡是对人体无害且有益于健康，具有芬芳清香、香味浓郁纯正的香花，都可用于窨制茶叶。

花茶窨制工艺分茶坯处理、鲜花维护、拌和窨制、通花散热、收堆续窨、出花分离、湿坯复火、再窨或提花、匀堆装箱等工序。

（1）茶坯处理。窨花前的茶坯处理是指复火干燥和茶坯冷却。

（2）鲜花维护。鲜花维护要依据不同鲜花特性采用不同工艺技术维护，如茉莉花需经过摊、堆以及筛花、凉花等措施。

（3）拌和窨制。拌和窨制在拌和前首先要确定配花量，即每100千克茶坯用多少千克鲜花。配花量依据香花特性、茶坯级别以及市场的需要而定。茶花拌和要求混合均匀，动作要轻且快，茶叶吸收花香靠接触吸收，茶与花之间接触面越大、距离越近，对茶坯吸收花香越有利。

（4）通花散热。通花散热的主要作用在于散发热量，提高花香鲜浓度。

（5）收堆续窨。收堆续窨的温度应掌握适度。通花后的续窨时间不宜过长，应掌握适时出花。

（6）出花分离。出花时依茶、花大小配置好晒网，用筛子将茶、花分离。出花要求茶中不带花，花中不夹茶。

（7）湿坯复火。对出花后的湿坯进行烘干，称为复火。复火技术性很强，既要蒸发多余的水分，又要最大限度地保住香气。

（8）再窨或提花。再窨或提花是指高档茶坯在窨花完成的基础上再用少量鲜花复窨一次，出花后不再复火经摊凉后即可匀堆装箱。

**2. 紧压茶的压制技术**

紧压茶的压制，过去多用手工操作，不仅劳动强度大，而且生产效率低；现在大都使用机器操作（见图 1—12），从而减轻了劳动强度，提高了生产效率，且产品质量也有很大提高。紧压茶的品种很多，但压制的主要工序基本相似。

**图 1—12** 机制紧压茶

（1）称茶。为使每块紧压茶重量一致，必须根据茶坯含水量折算后准确称茶。

（2）蒸茶。茶坯要蒸透、变软、增加黏性，以便压紧成型。

（3）装匣。先在匣内放好硬木衬板和铝底板，擦点茶油，以免粘匣，然后装茶入匣。趁热扒平，趁热盖好擦了茶油的花板。

（4）预压。将装茶坯的茶匣推到预压机下预压，预压的目的是压缩茶坯体积和成型。

（5）紧压。采用蒸汽压力机压紧。

（6）冷却定型。压紧后须凉置冷却 2 小时左右，使形状紧实固定。

（7）退匣。按压制先后顺序依次退匣。

（8）干燥。将茶砖片整齐排列在烘架上，烘温需不断调整。黑茶砖一般烘 8 天左右，茶砖片含水量降至 13% 以下时即可出烘。

# 第2节 名优茶鉴赏

目前我国名优茶生产品类很多，每个产茶区都有一种或几种名优茶生产。全国经部、省级评出的名优茶有约700种，如果加上县、区级的名优茶，数量就更多了。其中以绿茶的名优茶品类最多，约占名优茶的80%。这里，我们只能对名优茶有个初步了解，更多的认识要在实践中去加深。

## 一、名优茶概述

### 1. 名优茶的概念

名优茶是指有一定知名度的优质茶，如龙井茶是在中外消费者中享有盛誉的一种名优茶。但并非所有龙井茶都属于名优茶，只有高档的龙井茶才能称为名优茶。陈椽教授主编的《中国名茶》在阐释名茶观念时认为："名茶，简言之，是有名的好茶，观念是对名茶的看法，有突出的外形，又有特优的内质，名闻全国，蜚声海外，才称为名茶。"陈宗懋教授主编的《中国茶经》认为："名茶是指有一定知名度的好茶，通常具有独特的外形、优异的色香味品质。"

### 2. 名优茶的渊源

名优茶的产生在我国有悠久的历史，历代贡茶制度产生的种种贡茶，应属于历史名茶；历年来在国际博览会等获奖的茶，得到了国际的认可，也是名茶；国家商业部门、农牧渔业部门多次组织全国性名茶评比，在评选活动中获奖的茶叶则是当代名茶；改革开放以来，随着茶叶经济的发展，各地又研制生产了许多新的名茶。

### 3. 名优茶的产生条件

通常名优茶都产自名山名水，良好的自然生态环境是生产名优茶的必备条件，独特的生态条件又使名优茶各具特色，名山名水也有利于名茶的传播。名茶产地必有良好的光照、适宜的温度、充足的水分以及肥沃的土壤，这些条件都有利于茶叶内含物的形成。图1—13所示为杭州西湖龙井茶园。相匹配的优良茶树品种是生产名优茶的先决条件，各种名优茶对茶树品种都有相应的要求。严格而精细的采制工艺，则是生产名优茶的决定条件。

**图1—13** 杭州西湖龙井茶园

#### 4. 名优茶的命名

名茶命名，最早是以产地之名为名，如宋朝名茶绍兴日注，前者是县名，后者是山名；洪州双井，前者是州名，后者是水名。后来发展为产地联系品质，如顾渚紫笋、黄山毛峰、君山银针，前者是山名，后者是形容茶的色泽与外形；舒城兰花、武夷肉桂，则是地名加茶的香型；庐山云雾，反映的是产地的生态条件。也有以类别和命名联系起来的，如工夫红茶，前者是命名，后者是茶类；白毫银针，前者是分类，后者是命名。名茶的名称都很文雅，通常都带有描述性。洞庭碧螺春、信阳毛尖、六安瓜片等名茶，闻其名就能知其产地，明其外形，很容易了解其独特的品质。

#### 5. 名优茶的特点

名优茶与一般产品不同，它是茶叶中的珍品，是由优越的自然环境条件、茶树品种、精细选料和严格的加工技术采制而成的。名优茶与一般茶叶有着明显的不同。

（1）与一般茶叶相比，在色香味形上有显著的区别，具有独特的品质风格，既是高级茶饮料，又有欣赏价值。

（2）在认可度上，能被广大消费者所认可。

（3）产茶地区茶树生态条件优越。有的名优茶产于名山名胜风景区，大多为优良品种茶树的芽叶所制成。

（4）选料加工精细。采制作业有严格的技术要求和标准，产品质量有保证。

（5）名优茶产区有局限性、采制有时间性。

（6）命名或造型带有地方性、艺术性。

总之，名优茶必定是得到消费者认可、经得起时间考验、具有独特优良品质、具备一定产量的茶叶产品。

## 二、名优茶代表品种

近年来，我国名优茶的品种越来越多，但大多数的名优茶只是做"样品"或"礼品"，真正批量生产的名优茶并不多。这里主要介绍目前市场上常见、在全国较普遍认可的、作为茶艺师经常要接触使用的名优茶品种。

### 1. 西湖龙井（见图1—14）

西湖龙井产于浙江杭州西湖风景区，属于传统名茶。唐宋时期，西湖群山所产之茶，已享有名气。到了清代，龙井茶已在全国名茶中名列前茅。乾隆皇帝六次南巡，先后四次来到西湖龙井茶区，观看茶叶采制，品茶赋诗。2001年，西湖龙井茶实施原产地地域保护，属地理标志产品。

**图1—14** 龙井茶

西湖龙井茶的集中产地狮峰山、梅家坞等，生态条件得天独厚，气候温暖、湿润、多雾，土层深厚，土壤通透性良好，有机质含量高。茶树品种主要有龙井群体品种、龙井 43、龙井长叶等。龙井茶的采制技术相当考究，鲜叶标准要求高，特级为一芽一叶或一芽二叶初展，且芽长于叶。炒制时有"十大手法"，只有掌握了熟练技艺的人，才能炒出色、香、味、形俱佳的龙井茶。

## 品质特征

外形扁平光滑、挺直、绿润、匀整，香气清新持久，滋味鲜醇爽口，汤色嫩绿明亮。高级龙井素有"色绿、香郁、味醇、形美"四绝佳茗之美誉。

### 2. 黄山毛峰（见图 1—15）

黄山毛峰产于安徽省黄山风景区、黄山区、徽州区、歙县、休宁县，为传统名茶，创制于清光绪年间。明代许次纾在《茶疏》中称："天下名山，必产灵草，江南地暖，故独宜茶。"《徽州府志》记载："黄山产茶始于宋之嘉右，兴于明之隆庆。"由此可知，黄山产茶历史悠久，黄山茶在明朝中叶就很有名了。

**图 1—15** 黄山毛峰

黄山地处亚热带季风气候区，山高谷深，全年平均气温较低，多阴雨和云雾天气，年平均相对湿度较高。适制黄山毛峰的茶树品种有黄山大叶种、祁门槠叶种等。特级黄山毛峰的采摘标准为一芽一叶初展，制作时，杀青、揉捻、初烘后文火慢烘至足干。

### 品质特征

特级黄山毛峰形似雀舌，匀齐壮实，峰显毫露，色如象牙，鱼叶金黄；清香高长，滋味鲜浓、醇厚、甘甜，汤色清澈，叶底嫩黄，肥壮成朵。

### 3. 洞庭碧螺春（见图1—16）

洞庭碧螺春产于江苏省苏州吴中区太湖的洞庭东、西两山，为传统名茶，创制于明末清初。

图1—16　洞庭碧螺春

洞庭山温暖湿润，光照充足，降水丰沛。土壤有机质及磷含量较丰富，茶、果间作，茶树、果树枝丫相连，根脉相通，茶吸果香，花窨茶味，陶冶着碧螺春花香果味的天然品质。碧螺春采摘要求是：摘得早，采得嫩，拣得净。炒制500克高级碧螺春约需采 6.8 万～7.4 万颗芽头。碧螺春的炒制特点是手不离茶、茶不离锅、揉中带炒、炒中有揉，主要工序为杀青、揉捻、搓团显毫、烘干。

---

**品质特征**

　　外形条索纤细，茸毛披覆，卷曲似螺；银绿隐翠，白毫显露；清香久雅；滋味鲜爽生津，回味绵长、鲜醇；汤色嫩绿鲜明，叶底柔匀。

---

### 4. 顾渚紫笋（见图 1—17）

　　顾渚紫笋产于浙江省长兴县，为恢复历史名茶，首创于唐代，为当时著名贡茶，1978 年恢复生产。

**图 1—17** *顾渚紫笋*

　　顾渚紫笋茶园分布在丘陵山谷之中，产区年平均降水日为 160 天左右，春茶季节相对湿度高达 85% 以上，土壤以红黄壤为主。紫笋茶采摘时间一般在清明至谷雨之间，要求原料为一芽一叶初展至一芽二叶初展的芽叶。紫笋茶的加工工序为摊青、杀青、造型、烘干。

**品质特征**

　　色泽绿润，香气清高，兰香扑鼻，滋味鲜醇，味甘生津，茶汤清澈，叶底肥壮成朵。

### 5. 六安瓜片（见图1—18）

　　六安瓜片产于安徽省六安市、金寨县和霍山县，为传统名茶，创制于清末。

图1—18　六安瓜片

　　六安瓜片产区地处大别山麓，海拔一般在100～600米，四季分明，温差较大，光照充足，相对湿度大。采制六安瓜片的主要茶树品种为六安独山双峰中叶种，俗称大瓜子种。采制技术与其他名茶不同，采摘标准为一芽二三叶为主。鲜叶采回后及时扳片，除去芽头和茶梗，嫩叶、老叶分别炒制。六安瓜片的加工工艺为扳片、炒生锅、炒熟锅、拉毛火、拉小火、拉老火。

**品质特征**

　　形似瓜子，顺直匀整，叶边背卷平展，色泽翠绿，起霜油润，汤色清澈，香气高长，滋味鲜醇回甘，叶底黄绿匀亮。

### 6. 都匀毛尖（见图 1—19）

都匀毛尖产于贵州省都匀市，为历史名茶，创制于明清时期。

**图 1—19**　都匀毛尖

都匀境内峰峦叠嶂，云雾缭绕，昼夜温差较大，冬无严寒，夏无酷暑，植被良好，土壤富含有机质，非常适宜于茶树生长。都匀产茶历史悠久，早在明洪武年间，就已形成大片郁郁葱葱的茶园。都匀毛尖一般在清明前后采摘，加工工序为杀青、揉捻、整形、提毫、烘干。

#### 品质特征

条索紧细卷曲，毫毛显露，色泽嫩绿；香气鲜嫩，滋味鲜爽回甘，汤色清澈，叶底嫩匀。

### 7. 巴山银芽（见图 1—20）

巴山银芽产于重庆市巴南区圣灯山山脉一带，属新创名茶，创始于 1980 年。

**图1—20　巴山银芽**

巴南区远离城区，地处背斜低山顶部，海拔 550～800 米，气候宜人，植被丰富，无污染，降雨量充沛，属多阴雨地区，年平均降水日 158 天，土壤以紫色土为主。巴山银芽以福鼎大白茶无性系品种原料为主，采摘期从清明前后至谷雨，鲜叶要求一芽一叶至一芽二叶初展，加工工艺为摊放、杀青、揉捻、造型、烘焙、足火提香。

**品质特征**

外形细紧挺秀，色泽绿润披毫，香气毫（栗）香持久，滋味鲜嫩醇爽，汤色淡绿明亮，叶底黄绿匀整。

### 8. 安吉白茶（见图1—21）

安吉白茶产于浙江省安吉县，属新创名茶，创始于 1980 年。

**图 1—21** 安吉白茶

安吉县位于天目山北麓，属亚热带南缘季风气候区，全年气候温和，四季分明。区域内山地资源丰富，植被覆盖率高，土层深厚，有机质含量高。宋徽宗在《大观茶论》中对白茶有所记载，现存的千年单株安吉白茶母树生于天荒坪镇大溪村海拔 800 米以上的竹林之中。20 世纪 70 年代被科技人员发现，经过长期保护、考察、研究，通过无性繁育方法繁殖成了"白叶一号"良种茶苗。安吉白茶对原料有特殊要求，只有"白叶一号"品种才能加工成安吉白茶。采摘标准为玉白色的一芽一叶初展至一芽三叶，要求芽叶完整，新鲜匀净。采摘时间一般在每年的 3 月中下旬至 4 月中下旬。加工工艺为鲜叶摊放、杀青、理条搓条、初烘、摊凉、焙干。

### 品质特征

条索紧细显芽，壮实匀整，鲜活泛金边，形似凤羽，叶脉两侧的叶色嫩绿如玉霜，光亮油润，其余部分呈黄绿色，与叶脉处有明显差别，香气嫩香持久，滋味鲜醇甘爽，汤色嫩绿明亮，叶底脉翠叶白，成朵匀整。

### 9. 祁红工夫茶（见图1—22）

祁红工夫茶产于安徽省祁门县，与其毗邻的石台、东至、黟县及贵池等也有生产。祁红属历史名茶，创制于清末，是我国传统工夫红茶的珍品，在国内外享有盛名，被誉为世界三大高香茶之一，1915年在巴拿马万国商品博览会上获得金质奖。

**图1—22** 祁红工夫茶

祁门县内山岳连绵，黄山支脉由东向西延绕全境。茶园主要分布在海拔100~350米的峡谷山地和丘陵地带。产区气候温和，冬无严寒，夏无酷热。土壤大多是千枚岩等风化而成的黄土、红黄土、黑砂土、白砂土，理化性质优良，有机质丰富。制作祁红的茶树品种以国家级良种"祁门种"（也称槠叶种）为主，安徽1号、安徽3号、黄山早芽等也适合制作。高档祁红工夫采摘以一芽一叶为主，一般祁红工夫茶采摘以一芽二叶为主。祁红工夫茶的加工工艺为萎凋、揉捻、发酵、干燥。

### 品质特征

条索紧秀，锋苗好，色泽乌黑泛灰光，俗称"宝光"。香气浓郁高长，似蜜糖香，又蕴藏有兰花香，汤色红艳，滋味醇厚，回味隽永，叶底嫩软红亮。

### 10. 滇红工夫茶（见图 1—23）

滇红工夫茶产于云南省境内，创制于 1939 年，品质独特，是我国红茶中的一朵奇葩。

**图 1—23　滇红工夫茶**

云南茶叶产区基本上分布在北回归线附近，处于"生物优生地带"。云南有雨热同季和干凉同季的气候特点，全年平均气温保持在 15～18℃之间，昼夜温差平均超过 10℃以上。全年从 3 月初到 11 月底均可采茶，采摘期有 9 个月。茶区山峦起伏，云雾缭绕，雨量充沛，土壤肥沃，植被丰富，具有得天独厚的茶树生长环境条件。滇红工夫茶以云南大叶种茶树鲜叶为原料，加工工艺为萎凋、揉捻、发酵、干燥。

### 品质特征

条索紧结，肥硕壮实，金毫特显，香气高醇，滋味浓厚，汤色红艳，叶底红匀。滇红工夫茶的毫色可分为淡黄、菊黄、金黄等几类，因产地、季节而异。

### 11. 安溪铁观音（见图 1—24）

安溪铁观音产于福建省安溪县，属历史名茶，创制于清乾隆年间。安溪产茶历史悠久，始于唐末，至明代茶叶盛产并有名气。安溪铁观音于 2002 年列入原产地域保护，属地理标志产品。

**图 1—24** 安溪铁观音

安溪地处戴云山脉，具南、中亚热带海洋性季风气候特点，夏无酷暑，冬无严寒。境内兰溪水长流，凤山钟灵秀，长年朝雾夕岚，气候温和，雨量充沛，素有"茶树天然良种宝库"之称。铁观音种植土壤以山地砂质土壤为主，土壤质地疏松，土层深厚，有机质含量较高，矿物质营养元素丰富。铁观音原是以品种取名的茶，铁观音品种属中叶类，迟芽种。铁观音按采制时间分春茶、夏茶、暑茶、秋茶，鲜叶采摘要求比较成熟，当新梢形成驻芽时，采二至四叶嫩梢。铁观音的制作工序为晒青、凉青、摇青、炒青、揉捻、初烘、初包揉、复烘、复包揉、足干等。

### 品质特征

外形紧结沉重，色泽砂绿油润，香气馥郁悠长，滋味醇厚甘鲜，汤色金黄明亮，叶底肥厚明亮。

### 12. 武夷水仙（见图 1—25）

武夷水仙产于福建省武夷山，属历史名茶，创始于清代。

**图 1—25**　武夷水仙

　　武夷山市三面环山，武夷山是历史悠久的名山，素有"奇秀甲于东南"之誉，自古以来就是游览胜地。武夷山之所以蜚声中外，不仅是由于它风光秀丽，还在于它盛产武夷岩茶。早在唐代武夷已有茶叶采制，并作为馈赠珍品。宋代，武夷茶已名冠天下。公元 1023 年前，已充"官茶"列为皇家贡品。元代，九曲溪畔设置御茶园，专门办理贡茶的采制。武夷山气候温和，冬暖夏凉，雨量充沛，植茶环境得天独厚，茶树品种资源丰富。武夷山的茶园土壤发育良好，土层深厚、疏松，肥力好。武夷水仙所用原料为水仙种，属全国良种之一。水仙是无性系品种，半乔木大叶型，采摘标准为顶芽开展时采三四叶，正常年景分四季采摘。武夷水仙的加工工艺为萎凋、摇青、杀青、揉捻、烘干。

## 品质特征

　　外形肥壮，色泽深褐而带宝色，香浓锐，具特有的兰花香，滋味浓醇而厚，口甘清爽，汤色浓艳，呈深橙黄色或金黄色，叶底软亮，叶缘有朱砂红。

### 13. 凤凰单枞（见图1—26）

凤凰单枞产自广东省潮州市潮安县凤凰山，经单株（丛）采收制作而得名。

**图1—26** 凤凰单枞

潮安县位于韩江三角洲平原与山地的过渡地段，凤凰山海拔在1 100米以上。与县内其他地区比较，凤凰山区的年平均气温稍低，日照偏短，雨量略大，土壤肥沃，土层深厚，岩泉长流，雾多露重，植茶环境得天独厚。凤凰单枞茶由凤凰水仙品种的芽叶制成，是凤凰水仙群体中选出的优异单株，经数百年历代茶农单株培育，单株采制而得名。凤凰当地群众习惯以茶树叶型、树型及其成茶香型来对各种单枞予以冠名。产品名称常见的有黄枝香单枞、桂花香单枞、玉兰香单枞、蜜兰香单枞等。在采制上，茶农有"三不采"的规定，即太阳过大不采、清晨不采、下雨天不采。凤凰单枞的制作工艺为晒青、凉青、做青、杀青、揉捻、干燥。

## 品质特征

条索紧结较直，色泽黄褐呈鳝鱼皮色，油润有光，并有朱砂红点。具有独特的自然花香，滋味浓厚甘爽，汤色清澈黄亮，叶底边缘朱红，叶腹黄亮。

## 14. 君山银针（见图 1—27）

君山银针产于湖南省洞庭湖的君山。君山为一小岛，岛上土壤肥沃，多砂质壤土，竹木丛生，春夏季湖水蒸发，云雾弥漫，生态环境优良。君山岛与岳阳楼隔湖相望，全岛总面积不到 1 平方千米。君山银针风格独特，年产不多，质量超群，于 1956 年国际莱比锡博览会上获金质奖章。

**图 1—27** 君山银针

采制君山银针的茶树品种主要有银针 1 号、银针 2 号，采摘标准为全芽。制造工艺精细而又别具特色，分杀青、摊凉、初烘、初包、复烘、摊凉、复包、足火八道工序。因芽头肥壮重实，每 500 克银针茶约 2.5 万个芽头。

### 品质特征

芽头肥壮，紧实挺直，芽身金黄，淡黄色茸毛；香气清纯，滋味甘浓鲜爽，汤色橙黄清澈，叶底嫩黄明亮。

### 15. 皖西黄大茶（见图1—28）

皖西黄大茶产于安徽省霍山、金寨、六安、岳西等地。品质最佳者当数霍山县大化坪、漫水河，金寨县燕子河一带所产。这里地处大别山北麓的腹地，因有高山屏障，水热条件较好，生态环境宜种植茶树。黄大茶采摘标准为一芽四五叶，春茶要到立夏前后才开采，鲜叶原料比较粗老，但要求茶树长势好，叶大梗长，才能制作出质量好的黄大茶。黄大茶的制作工艺为炒茶（杀青和揉捻）、初烘、堆积、烘焙（拉毛火和拉足火）。

**图1—28** 皖西黄大茶

## 品质特征

外形梗壮叶肥，叶片成条，梗条相连形似鱼钩，梗叶金黄显褐，色泽油润，具有高爽的焦香，滋味浓厚醇和，汤色深黄显褐，叶底黄叶显褐。

### 16. 白毫银针（见图 1—29）

白毫银针产于福建省福鼎市、政和县。清嘉庆初年福鼎就创制了银针，约在 1857 年福鼎大白茶品种茶树选育成功，1880 年政和县繁育了政和大白茶品种茶树，于是从 1885 年起白毫银针均采用大白茶品种茶树的壮芽为原料。大白茶良种茶树原料是制作白毫银针的必要物质基础。

**图 1—29　白毫银针**

### 品质特征

外形针状，由顶芽制成，满披白毫，具银色光泽；香气清鲜，毫香浓，滋味鲜爽微甜，汤色浅黄，清澈晶亮。因产地不同，品质略有差异。福鼎产品，外观银白色，滋味鲜爽；政和产品，外观银灰色，毫显芽壮。

### 17. 安化天尖（见图 1—30）

安化天尖产于湖南省安化县。安化天尖于 16 世纪末期兴起，原产于安化，最早产于资江边上的苞芷园，后转至资江沿岸的雅雀坪、黄沙坪、硒州、江南、小淹等地。安化天尖是中国西北广大地区各少数民族日常生活不可缺少的饮料，"一日无茶则滞，三日无茶则病"是西北各民族兄弟对茶叶需求的真实写照。安化天尖鲜叶原料是生长成熟的新梢，采摘标准分为四个级别，分别从一芽三四叶至一芽五六叶以及对夹叶新梢。安化天尖加工分杀青、初揉、渥堆、复揉、干燥五个工序。由于原料粗老，杀青前一般要进行"洒水灌浆"处理，加鲜叶重量10%左右的水，再进行杀青。安化天尖是统称为湘尖系列的天尖、贡尖、生尖中的上品。

**图1—30** 安化天尖

## 品质特征

条索紧结较圆直，色泽油黑，有独特的松烟香，滋味清醇，口感甘润爽滑，汤色橙黄，叶底黄褐。

### 18. 普洱散茶（见图1—31）

普洱散茶产于云南省，古今中外负有盛名，2007年获得原产地证明商标的保护。

普洱茶主产区位于澜沧江两岸，包括思茅、西双版纳、红河、文山、保山、临沧等地州（市）。产区属于热带高原型湿润季风气候，植被为热带常绿阔叶、落叶阔叶混交雨林，海拔在 1 200～2 500 米，土壤以红壤、黄壤、砖红壤、赤红壤为主。土层深厚肥沃，有机质丰富，自然条件非常适宜大叶种茶树生长发育。气候垂直变化显著，干湿季分明，优质普洱茶多产于海拔 1 500～2 000 米的高山茶区。普洱茶采自优良品种的云南大叶种，加工工艺为杀青、揉捻、晒干、后发酵（微生物固态发酵）、晾干、筛分。

**图1—31** 普洱散茶

### 品质特征

条索粗壮肥大，色泽乌润或褐红，具有独特的陈香，滋味醇厚回甘。

### 19. 黄山绿牡丹（见图 1—32）

黄山绿牡丹产于安徽省歙县，创始于 1986 年。

歙县位于安徽省皖南山区，年平均气温 16.4℃，年降雨量 1 477.4 毫米，土壤以红黄壤土为主。加工黄山绿牡丹的鲜叶原料要求"三定"，即定高山，定滴水香优良品种，定不喷施化肥、农药。采摘标准为一芽二三叶，要求节间较长，不采受伤芽叶、对夹叶、鱼叶、雨水叶、紫芽叶、瘦弱芽叶。加工工艺为杀青兼轻揉、初烘理条、选芽装筒、造型、定型烘焙、足干储藏。

**图1—32** 黄山绿牡丹

## 品质特征

外形似牡丹花朵（冲泡后芽叶舒展，形象更逼真），香味与高档烘青相似，汤色黄绿。

### 20. 茉莉银毫（见图1—33）

茉莉银毫属花茶。茉莉花茶是花茶的大宗产品，产区辽阔，产量最大，品种丰富，销路最广。花茶集茶叶与花香于一体，茶中花香，花增茶味，相得益彰，既保持了浓郁爽口的茶味，又有鲜亮芬芳的花香，令人心旷神怡。而银毫又是花茶中高档名品。

茉莉花茶是用经加工干燥的基本茶类，与含苞待放的茉莉鲜花混合窨制而成的再加工茶。茉莉银毫选用高级烘青绿茶与三伏优质茉莉按传统工艺窨制而成。

**图1—33** 茉莉花茶

## 品质特征

　　外形条索紧细匀整，色泽绿润显毫，香气鲜灵持久，汤色黄绿明亮，滋味醇厚鲜爽，叶底嫩黄柔软。

**思考题**

1. 我国的茶叶主要有哪几类？
2. 红茶主要有哪几种？
3. 各类茶的发酵程度有什么不同？
4. 不同产地的乌龙茶有哪些不同？
5. 简述各类茶的初制工艺。

# 第 2 章
# 品茗环境

### 引导语

　　人类追求美的历程始终贯穿于社会文明的发展史中。在美的创造和享受中，品茗是一个物质摄取过程，其中所蕴含的美感被日益深入地领悟出来，升华为精神享受过程。品茗需要在一定的场所进行，这个场所可以大到山村野外，也可以小到陋屋斗室，甚至是一张茶桌或一个茶盘。品茗环境，一般是指品茗场所的周边环境和室内环境。环境如何，对人们品茗的心境有很大的影响，因而自唐代以来，历代文人雅士对选择品茗环境条件有很多论述和生动的诗文写照。传承到今，人们对品茗环境的基本要求是洁净、舒适、雅致、平和，便于放松神经，解除疲劳，能够使人赏心悦目，怡然自得。为此，经营性茶馆无论是选址，还是设计、布置，都要重视品茗环境的营造。

　　品茗场所有经营性与非经营性之分。经营性的品茗场所，指那些专门设立的、收费的茶楼、茶室、茶坊、茶艺馆等，提供茶水、茶点，供客人饮茶休息或观赏茶艺表演。非经营性的品茗场所，如在家居生活中以茶待客或企事业单位内部的茶会、茶话会以及茶文化团体在山清水秀之处以自备茶具举行茶会等活动。

　　本章主要概述古人对品茗环境选择的论述，介绍经营性茶馆的选址、设计和布置，现代茶馆的类型、风格与特色以及家庭茶室设计等知识与技能，要求学习者能掌握这些专业知识与技能。

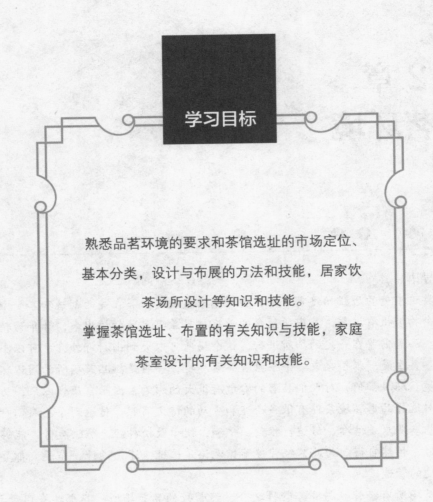

学习目标

熟悉品茗环境的要求和茶馆选址的市场定位、
基本分类，设计与布展的方法和技能，居家饮
茶场所设计等知识和技能。
掌握茶馆选址、布置的有关知识与技能，家庭
茶室设计的有关知识和技能。

# 第 1 节　品茗环境概述

　　品茶是一种生活艺术的享受，也是交友联谊、沟通感情、陶冶情操、修身养性的最好方式之一，需要有一个适合的环境条件。我国自古以来就十分讲究品茗的环境，或青山翠竹、小桥流水，或琴棋书画、幽居雅室，追求一种天然的情趣和文雅的氛围。自唐代以来，历代文人雅士对选择品茗环境条件有很多论述和生动的诗文写照。这些论述和诗文大都强调人与自然的统一，把茶的自然属性与人性紧密联系在一起，并反映出一定历史时期的社会风尚和人文价值追求。

## 一、周边环境选择

### 1. 唐人喜好在山水美中品茗

　　历代文人雅士品茶论道，必须有一个简朴自然、清新雅致的品茗环境。唐人对饮茶环境的要求看似随意，但多选择在寂静偏僻的寺院、精舍、茶亭中举办茶宴茶会，或在山间、泉边、竹林下饮茶，初步表现出以自然山水和空灵虚静的环境为中心的审美取向。如僧灵一诗云"野泉烟火白云间，坐饮香茶爱此山"(《与元居士青山潭饮茶》)，揭示出饮茶的环境是高山上云雾缭绕的野泉边。钱起诗云"竹下忘言对紫茶，全胜羽客醉流霞"(《与赵莒茶宴》)，所记乃在竹林下饮茶。曹邺诗所载"半夜招僧至，孤吟对月烹"(《故人寄茶》)，说明唐人在深夜月影下煎茶是常事。刘言史诗云"粉细越笋芽，野煎寒溪滨。恐乖灵草性，触事皆手亲。敲石取鲜火，撇泉避腥鳞。荧荧爨风挡，拾得坠巢薪……以兹委屈静，求得正味真"(《与孟郊洛北野泉上煎茶》)，说的是作者与孟郊带了"越州"茶叶，来到洛北作"野外之饮"，他们非常认真，亲自动手，敲石取火，撇泉取水，捡拾掉在地上的鸟窝当柴火，认为这样煮的茶滋味才真，好像在饮自己亲自采制的茶叶一样。此外，还有皎然、顾况、皮日休、陆龟蒙、刘禹锡、白居易、韦应物等，都是喜好在山水美中品茶，在美的茶艺中感受山水美，并留下了很多令人陶醉的诗句。

### 2. 宋人仍以茶和山水为审美对象

　　宋代文人以茶艺与山水或超然物外的环境相结合，仍以茶和山水为审美对象，在超然物外的环境中品茶，从而寻得生命的安慰（见图2—1）。宋人在品茗环境的选择上多表现出对大自然山水的向往，这一点与唐人相似。范仲淹的"北苑将期献天子，林下雄豪先斗美"（《和章岷从事斗茶歌》），似乎代表了宋人注重林下斗茶的审美意向。方岳的"瀑近春风湿，松花满石坛。不知茶鼎沸，但觉雨声寒"（《煮茶》），把品茗环境定格在近瀑的松林之中，突出了在大自然中饮茶的雅趣。宋代还有许多文人把山水和茶作为生活的伴侣和生命的安慰，其中代表人物是苏轼。苏轼仕途坎坷，屡遭贬谪，但他始终旷达、豪放，这就是因为有茶为伴，有山水为伴，始终

图2—1 以茶和山水为审美对象

保持对大自然、对茶饮美好的感受，美的心态，所以始终透彻地看待一切。他的千古名句"独携天上小团月，来试人间第二泉"，正是他对山水、茶艺美的感受所形成的独特而深切的体验。像苏轼这样的文人，如黄庭坚、梅尧臣、陆游、辛弃疾等，大多数是仕途不畅或壮志难酬，在茶与山水的审美中求得心灵的慰藉、人生的满足，从而始终保持着对生活、对现实人生的热爱。

**3. 明、清人对饮茶环境的重视**

（1）明代文人。在促进品茗生活艺术化的过程中，明代文人对饮茶环境极为重视，并极力追求人与自然、人与环境之间的和谐。朱权在《茶谱》中记述："或会于石泉之间，或处于松竹之下，或对皓月清风，或坐明窗静牖。乃与客清谈款话，探虚玄而参造化，清心神而出尘表。"徐渭在《徐文长秘集》中谈到对饮茶环境的要求时言："品茶宜精舍、宜云林、宜永昼清谈、宜寒宵兀坐、宜松月下、宜花鸟间、宜清流白云、宜绿鲜苍苔、宜素手汲泉、宜红妆抱雪、宜船头吹火、宜竹里飘烟。"在文人眼里，品茗时所面对的精舍云林、松风竹月、清流白云，乃至于一山、一水、一石、一木，都是活生生的审美对象，是渗透着人的精神并能与人进行情感交流的生命体。

（2）晚明时期文人。由于特定的政治背景和文化背景，文人们不仅着力在超

然物外的山水环境中品茗，还刻意在日常生活中构建幽雅环境，在园林风光的美景中感受品茗乐趣。屠隆在《茶说·九之饮》中道："若明窗净几，花喷柳舒，饮于春也。凉亭水阁，松风萝月，饮于夏也。金风玉露，蕉畔桐阴，饮于秋也。暖阁红垆，梅开雪积，饮于冬也。僧房道院，饮何清也，山林泉石，饮何幽也。"许次纾在《茶疏·饮时》中对品茗环境提出："风日晴和，轻阴微雨，小桥画舫，茂林修竹，课花责鸟，荷亭避暑，小院焚香，酒阑人散，儿辈斋馆，清幽寺观、名泉怪石。"罗廪在《茶解·品》中描写了他认为理想的饮茶环境："山堂夜坐，手烹香茗，至水火相战，俨听松涛，倾泻入瓯，云光缥缈，一段幽趣，故难与俗人言。"从这些论述中，可以看出晚明时期文人对品茗环境表现得更为感性，更多的是为了满足内心。他们对饮茶的要求在精神上升华得更高，更为内化和个性化。

（3）清代文人。清代文人继承明人在日常生活中构建幽雅环境、在园林风光中感受品茗乐趣的传统，他们对品茗环境力求简约而不简单，饮茶的环境已经不只是为了容纳饮茶的人，更要容纳茶人的心，以茶会友也已成为日常生活的组成部分。明末清初的张岱在名作《西湖七月半》中云"小船轻幌，净几暖炉，茶铛旋煮，素瓷静递，好友佳人，邀月同坐，或匿影树下，或逃嚣里湖……"，在品茗中，他们互相交流，在交流中互相的情谊更加深重。晚清的樊增祥所创作的茶诗茶词和涉及茶事之诗词多达 400 余首，可称历代之冠，其中不乏描写以茶会友的佳句，如"荷花橘子香如海，蟹眼旗枪再煮，君记否"（《寒陂塘》），"乞得南窗半日晴，梅花香扑暖帘轻。客来看画无寒具，几叶秋茶雪水烹"（《自题斋壁》）等，都说明了以茶会友是他的日常乐事。

## 二、室内环境布置

人们日常品茶最多的是在室内，即便是文人雅士、达官贵人也是如此。因此自从茶成为日常普遍饮料、品茗场所逐渐多起来以后，人们对品茗室内环境布置也开始重视起来。室内环境大体可分为众人饮茶的场所和个人饮茶场所。前者主要是指经营茶水的茶坊、茶馆之类，在唐代就已经出现。

### 1. 唐时已重视室内环境的布置

唐代的《封氏闻见录》中记载："自邹、齐、沧、棣渐至京邑，城市多开店铺，煮茶卖之，不问道俗，投钱取饮。"既然是卖茶水的店铺，一定会有所装潢布置，

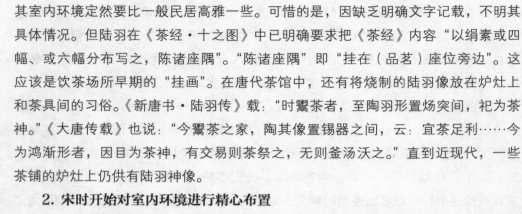

其室内环境定然要比一般民居高雅一些。可惜的是，因缺乏明确文字记载，不明其具体情况。但陆羽在《茶经·十之图》中已明确要求把《茶经》内容"以绢素或四幅、或六幅分布写之，陈诸座隅"。"陈诸座隅"即"挂在（品茗）座位旁边"。这应该是饮茶场所早期的"挂画"。在唐代茶馆中，还有将烧制的陆羽像放在炉灶上和茶具间的习俗。《新唐书·陆羽传》载："时鬻茶者，至陶羽形置炀突间，祀为茶神。"《大唐传载》也说："今鬻茶之家，陶其像置锡器之间，云：宜茶足利……今为鸿渐形者，因目为茶神，有交易则茶祭之，无则釜汤沃之。"直到近现代，一些茶铺的炉灶上仍供有陆羽神像。

### 2. 宋时开始对室内环境进行精心布置

宋代茶馆已讲究经营策略，为了招揽生意，留住顾客，他们常对茶馆进行精心的布置装饰。吴自牧的《梦粱录》卷十六"茶肆"记载当时杭州茶肆的室内环境布置是："汴京熟食店，张挂名画，所以勾引观者，留连食客。今杭城茶肆亦如之，插四时花，挂名人画，装点店面。""今之茶肆，列花架，安顿奇松异桧等物于其上，装饰店面。"门面装饰一般都"金漆雅洁。"《鸡肋编》的作者说他"尝泊严州城下，有茶肆……其门户金漆雅洁"。茶肆装饰不仅是为了美化环境，增添饮茶乐趣，也与宋人好品茶赏画的特点分不开。苏东坡有"尝茶看画亦不恶"，文与可有"唤人扫壁开吴画，对客临轩试越茶"等诗句。宋徽宗时期，北宋王朝政权已处于风雨飘摇之中，但皇室却把茶风盛行作为装饰门面的饰物。《大观茶论》中谈到"天下之士，竞为闲暇修索之玩，莫不碎玉锵金，啜英咀华"，也就是说：天下的人要过清净高雅的生活，争相求索闲静雅致的情趣，都醉心于金石音乐，汲泉品茶。"碎玉锵金，啜英咀华"连在一起，可见当时品茗室内环境布置也是非常"闲静雅致"的。

### 3. 元时书斋品茶成为不少文人日常生活之一

元代蒙古族人主朝，与豪放、以酒为饮的游牧民族生活习性相比，过于细腻精致甚至繁复的茶艺自然沦落到前所未有的低谷期。文人士大夫有感于山河破碎、国朝倾覆，加上汉族人备受歧视，文人地位低下，故而纷纷隐于书斋、隐于山林，"推开世尘事，不在五行中。"先朝热闹异常的茶艺也逐渐成为文人书斋中更趋雅致、去其过分修饰的品茗活动。这一变革，恰好修正宋代茶艺的穷极精致而导致茶文化出现的弱化之势，进一步发展了宋代尚意式的文人饮茶之法，同时也开启了明清文人书斋式典雅的饮茶方式。所谓"书斋品茶"，其室内环境布置当然少不了煮饮茶器具、文房四宝、琴棋书画、古玩珍藏等一类物品。

**4. 明清时室内环境布置更为讲究**

（1）随着城市商品经济的发达，明清时茶馆有了更大的发展，茶馆名称有茶室、茶社、茶馆、茶亭、茶铺子、茶棚子等。这在明清的小说《金瓶梅》《镜花缘》《儒林外史》等中都有生动的反映。这些茶馆不但讲究室内装饰的雅致，而且讲究周围环境的选择，让顾客一边品茗一边欣赏窗外的优美风景。徐珂《清稗类钞》记载："乾隆末叶，江宁始有茶肆。鸿福园、春和园皆在文星阁东首，各据一河之胜，日色亭午，座客常满。或凭阑而观水，或促膝以品泉。"清人范祖述《杭州遗风》记载："吴山茶室，正对钱江，各庙房头，后临湖山，仰观俯察，胜景无穷。下雪初晴之候，或品茗于茶室之内，或饮酒于房头之中，不啻于置身于琉璃世界矣。"图 2—2 所示为"仰观俯察，胜景无穷"的情境。

**图 2—2** *仰观俯察，胜景无穷*

（2）明代文人对个人茶室布置最为讲究。高濂《遵生八笺》卷七谈到了茶室的具体布置："侧室一斗，相旁书斋。内设茶灶一，茶盏六，茶注二，馀一以注熟水。茶臼一，拂刷净布各一，炭箱一，火钳一，火箸一，火扇一，火斗一，可烧香饼。茶盘一，茶橐二。当教童子专设茶役，以供长日清谈，寒宵兀坐。"许次纾《茶疏》"茶所"一节中对茶室内环境布置要求的描写也很详细、具体："小斋之外，别置茶寮。高燥明爽，勿令闭塞。壁边列置两炉。炉以小雪洞覆之。止开一面，用省灰尘腾散。寮前置一几，以顿他器。旁列一架，巾帨悬之。见用之时，即置房中。斟酌之后，旋加以盖。毋受尘污，使损水力。炭宜远置，勿令近炉，尤宜多办，宿干易炽。炉少去壁，灰宜频扫。总之以慎火防，此为最急。"明代冯可宾《岕茶笺》中谈到品茶诸宜时，其中之一是"精舍"，也就是茶室要精洁雅致，具有浓厚的文化氛围；在饮茶"禁忌"中特别指出"壁间案头多恶趣"，也就是茶室里的布置俗不可耐，会影响品茶者的兴致，绝对要避免。明代

图2—3 《红楼梦》中妙玉在栊翠庵"耳房"内论茶

众多有关茶室布置的论述或要求，一直延续到清代，甚至直至今天仍有许多借鉴作用。当然，这种茶室的设置，需要一定经济基础，并非人人都能做到。但由此可以看出，明代文人对品茗艺术刻意追求，使饮茶技艺日趋精致化，饮茶环境日益艺术化，从而将品茗艺术向前推进了一大步。图2—3所示为《红楼梦》中论茶情境。

### 5. 当今人们应尽量使品茗环境清雅一些

时代发展到今天，我们不可能按照古人的要求去做，现代大多数的城里人也难以具备这样的条件。但是从品茗艺术角度来说，在可能的条件下，还是应该尽量使品茗的环境清雅一些。比如在家里品茗，有条件的可设计一个有创意的家庭茶室或适宜品茗的空间；结伴外出旅游，寻一山清水秀之处或当地茶馆，在青松翠竹掩映下，一边欣赏鸟语花香、小桥流水，一边品茗叙谈、吟诗歌咏，可体会融入大自然怀抱中天人合一的境界。目前比较方便的是邀上三五知己到茶艺馆品茶，因为现在的茶艺馆，不管风格是古典还是中西合璧的，装修都比较考究，环境幽雅，灯光柔和，音乐悦耳，具有浓厚的文化氛围，且有专门的茶艺师为客人表演茶艺，或帮助客人学习冲泡方法。在茶艺馆品茗，是现代城里人的一种文化享受，越来越受到大众的青睐。

# 第 2 节  茶馆的选址

## 一、市场定位

### 1. 以地区为标准划分

茶馆所处区域不同，消费群的差别也很大。繁华的市中心和主要商业街道的茶馆，光顾者中常有商界名流、高薪白领族，他们对茶馆的环境氛围和服务比较看重；一般街道或社区的茶馆，光顾者多为普通工薪人士及退休职工，他们对茶馆设施的要求不是很高，希望经济实惠；一些风景区和旅游景点的茶馆，游客占据了光顾者的大多数，他们有的是为了歇脚、解渴，有的是为了品茗赏景，也有的是为了谈情说爱，他们看重的是这类茶馆宁静幽雅的环境和清新的空气。

### 2. 以消费动机划分

茶客光顾茶馆的目的不同，希望得到的服务也不同。有的到茶馆是为了寻找雅趣，有的到茶馆是为了谈生意，有的到茶馆是为了叙旧，有的到茶馆是为了娱乐，也有的到茶馆是为了找地方进行小型聚会。

### 3. 以消费频率划分

茶馆中，既有常客，也有一次性的光顾者。常客中有的是每天必到，有的是每周来一次，也有的是不定期但经常光顾。对于常客，由于他们拥有的信息量不同，因此对茶叶的等级、服务的内容、茶馆的氛围也有不同的要求。

## 二、选址的基本原则

### 1. 满足社会的需求性

人们品茶，品味的不仅仅是茶，还包括品味环境和心境，有时主要是后两者。现代人品茶，同样十分讲究品茗环境。一般来讲，选择茶馆的开设地点应以"环境清幽"为佳，如图 2—4 所示。"交通便利"，也是一种需求。茶馆开设的地点应该是游客或茶客出行不感到困难、容易到达的地方。

**图2—4** 清幽的饮茶环境

**图2—5** 上海城隍庙湖心亭茶楼

### 2. 确保经营的可行性

一定的客源是茶馆经营得以维持和发展的重要条件。使茶馆有较充足客源的因素很多，选址是其中最重要因素之一。茶馆的选址除了要环境清幽、交通便利外，地理位置的优越也是至关重要的。例如，上海湖心亭茶楼（见图 2—5）位于豫园商业旅游区的中心，与豫园相邻，坐落在荷花池上，可谓是“风水宝地”，中外宾客纷至沓来，这成为其营业收入高居沪上同行首位的重要原因。浙江新昌白云茶楼地处新昌大佛寺入口处的白云山庄对面，占据了“江南第一大佛”的旅游优势，无论春夏秋冬，还是雨雪霜露，茶客络绎不绝，生意十分兴隆。

## 三、选址的基本分类

### 1. 游览景区茶馆的选址

（1）坐山。“山”是指各地名山。风景区内能供人们攀登、游览的风景名山，大多数都设有大小规模不等的茶馆。茶馆的选址，有的在山脚，有的在山腰，也有的在山顶。如武夷山仙游峰的山顶和山脚各有一家茶馆，在旅游旺季，几乎天天游客盈门，游客来茶馆可歇脚、可解渴、可赏景。在江苏常熟虞山山腰维摩山庄内，有“望海楼”茶馆，游览虞山的游人，进了维摩山庄，不少要到望海楼观景，并品一品当地所产的“虞山茶”。四川西北部的窦岿山风景区，在海拔 1 200 米以上的山巅建有著名的“望春台茶馆”，登山游玩的游客往往在此小憩观景。这里泡茶的水是后山泉水，水质清澈，没有污染，用这种水沏出的茶，味更好，色更亮，香更浓。所以，虽然望春台茶馆位置偏高，但是仍吸引不少茶客、游客前往。

（2）临河。江南茶馆多设于河旁、桥边，可造就一种赏心悦目的环境。江苏吴江市的同里镇是座典型的水乡古镇，全镇建在六座“岛”上，镇上河网交织。镇里有百年老茶楼，两面临河，茶客在茶楼里喝茶，可以临窗而坐，眺望河上景色。著名水乡周庄，镇上有 17 座桥，其中有座游人必过的富安桥，桥两头两侧各有两幢楼房，四幢楼房中有两幢是茶楼。茶客登楼品茶，“小桥流水人家”尽收眼底。

（3）面湖。在西湖附近，座座茶楼无不独享一分天籁，湖光山色的天然画卷展现在茶客面前。比如“风荷茶馆”，闻其名，便知坐落在西湖十景之一的“曲院风荷”旁。扬州瘦西湖有两处茶室：一处坐落在五亭桥附近的湖心“凫庄”；另一处坐落在“二十四桥”景区的拱桥南端的湖畔，在此品茶无疑会让人平添“二十四桥明月夜，玉人何处教吹箫”的感叹。

（4）傍泉。在我国数以千计的清泉中，有一部分是与茶相关的名泉。泉水叮咚，清澈宜茶，古人有不少茶诗都吟咏了泉水，如杭州的虎跑、龙井、玉泉，镇江的中冷泉，无锡惠山"天下第二泉"（见图2—6），扬州的"第五泉"，苏州的"憨憨泉"，滁州琅琊山的酿泉，庐山的谷帘泉，古上海静安寺的"涌泉"……哪里有名泉，哪里就有茶馆或茶室。

**图2—6** 无锡惠山"天下第二泉"茶馆

（5）隐林。武夷山自然风光独树一帜，"武夷茶观"的晴川阁外就是一大片修篁参天的竹林，在竹林中开设有露天茶座。游人来此，既可评品各类武夷岩茶，又可赏竹观景。

**2. 现代都市茶馆的选址**

（1）与菜馆酒楼为邻。茶文化是饮食文化的一个重要部分，民间所谓的"粗茶淡饭"更是把膳食与饮茶说得密不可分。在现代都市里，既有茶馆兼营菜肴点心的，也有菜馆兼营茶室的，还有专业茶馆特意选址到菜馆酒楼里去的。如20世纪90年代初，深圳的第一家茶艺馆就是在一家酒楼里开设的，其目的是通过茶艺景观吸引酒楼里的食客。结果不但酒楼生意好，茶馆里生意更好。在珠海有多家茶馆开设在大酒店内，至今大多生意红红火火的。

（2）与商务宾馆相伴。茶馆是随着商业发展、市场繁荣而逐渐形成和兴旺起来的。当今，随着市场经济的活跃，各地城市里的商务宾馆也很多。为了满足人们交际、商务、休闲等活动的需要，许多商务宾馆辟出场地开设茶馆、茶室为往来的客商、游客提供了一个比较理想的社交场所，在茶馆内，可以进行商务洽谈、叙友小坐等。如成都的秀水尊观景茶楼开设在齐力大厦三楼，深圳的佳和茶艺轩位于佳和华强大厦六楼，友谊茶艺馆坐落在广东华侨友谊酒店十三楼，在新疆乌鲁木齐也有多家茶馆进入了商务宾馆。

（3）为旅游休闲区添趣。武汉琴台风景区、杭州西湖风景区、南京夫子庙、苏州玄妙观、上海城隍庙（见图 2—7）等，不仅是古迹，而且经过历史的变迁，周围地区以其为中心，已形成了现代都市中景观性商业圈。这些旅游休闲区内散落着数量不等、风格各异的茶馆，在游人眼中，这正是一道独特的风景线。

图 2—7　上海老街"春风得意楼"茶馆

（4）在商业购物区扎营。从古到今，自茶馆正式形成起，凡城镇的商业中心地区，百业之中必是少不了茶馆的。清末民初，上海茶馆遍地皆是（见图 2—8），生意异常兴隆。据 1928 年出版的《老上海三十年见闻录》一书记载，当时上海英租界占地面积不算大，但知名的茶馆就有 66 家。其中"一洞天""同芳居""青莲阁"等都是颇负盛名的，这些茶馆大多分布在繁华的商业购物区。现今，大都市的许多商业街上，都有不少茶馆、茶坊、茶园，它们生意兴旺，因为这些商业街终年都有川流不息的人群。

图2—8　清末民初时期的上海茶馆

（5）在交通集散区迎客。现代都市的交通集散区包括市中心的交通站点、火车站、地铁车站、轮船码头、长途汽车站、航空港等。这些地区客流量大，人们在等车候船时，需要有临时休息的饮茶场所。

（6）给社区居民方便。社区茶馆选址应选在居民点中，以便于居民就近消费；同时茶馆内的服务价格必须低廉，以使居民能经常光顾。这些社区茶室为社区居民提供了一个信息交流场所，让人们喝喝茶、读读报、聊聊天，从而丰富了生活内容，提高了生活质量。

**3. 农村乡镇茶馆的选址**

（1）选在集镇商业中心。经济繁荣的地区，一般商贾往来较多。在农产品集散地，交易和经商需要交流信息和洽谈商务的场所，而茶馆正是理想适宜的场所。

自古以来，集镇的商业中心地区茶馆往往为数不少。如上海市南汇区的祝桥镇，在20世纪30年代中期，镇上有厂、坊、店、铺达180多家，市场繁荣，全镇有茶馆33家，而镇中心就多达12家。现在各地集镇商业中心地区仍然是茶馆比较集中的地方。

（2）选在乡镇文化中心。我国农村乡镇文化中心，一般位于县城或乡、村的中心地区，由影剧院、文化馆、图书馆、老年之家、青少年活动室等文化设施所组成。其中，往往还少不了公益性或中高档次的茶馆。茶馆不仅是乡、镇居民品茗、交往、会友的公共场所，也是人们休养身心、自娱自乐的场所。

# 第 3 节　茶馆的设计与布置

## 一、茶馆的风格

按建筑形式和内部布置的风格，茶馆主要可分为五类。

### 1. 古典传统式

古典传统式，又称仿古式。这是指现代茶馆的主体建筑采用我国传统建筑施工方法建成的一层或多层的茶楼，其屋面大多采用"庑殿式"或"歇山式"。由于这种屋面的屋角和屋檐为斗拱向上翘起，显得古朴雅致；有的还在四周设隔扇或栏杆回廊，因此就显得更为高贵典雅。这类茶馆在各个城市都有，如上海有不少茶馆，不仅在建筑物的外观上为仿古建筑，而且馆内设施也具有古典风格，如图 2—9 所示。

### 2. 地域民族式

地域民族式，又称民居式。民居，是指各地具有地域风格的民用住房，如北京的四合院、上海的石库门、云南的傣家竹楼、新疆的毡包等。以下介绍几种。

（1）江西民居。南昌一家茶艺馆的主体

**图 2—9**　古典传统式茶楼

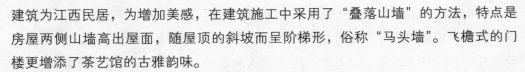

建筑为江西民居，为增加美感，在建筑施工中采用了"叠落山墙"的方法，特点是房屋两侧山墙高出屋面，随屋顶的斜坡而呈阶梯形，俗称"马头墙"。飞檐式的门楼更增添了茶艺馆的古雅韵味。

（2）傣族竹楼。为云南景洪傣族民居，一般独户居住，四周有竹篱墙。竹楼底层架空，用木或竹材建成。楼底圈养牲畜和放置农具杂物；楼上住人，洗、烧、晒、睡都在楼上。房屋通风采光好，利于防水、防潮、防虫兽。我国不少旅游区都设有傣族竹楼茶馆，供游人小憩、品茶、尝点、观景。中国茶叶博物馆的"风俗茶苑"是茶艺游览区，其中就有小巧玲珑的傣家竹楼，可供游人前往品尝傣族烤茶。

（3）毡包。又称"蒙古包""毡帐"，是我国蒙古、哈萨克、塔吉克等民族牧民居住的帐篷。新疆天池游览区的哈萨克族居民就在自己所住毡包里开设茶馆，招待游人，游人可前往品尝具有哈萨克族特色的奶茶以及各式茶点。

### 3. 江南园林式

中国园林虽然是人工建成，但不留斧痕，宛如天成，由于构成园林的主景不同而各具风姿。有的以水面胜，波光潋滟，荷花玉立，倒景迷离，风雅恬静，富有魅力；有的以山石胜，徘徊其间，山色空濛，宛若置身崇山大壑、深谷幽岩，饶有妙趣；有的以花木胜，繁花锦簇，绿树葱茏，修竹茂密，摇曳弄影，人行其间，暗香随衣，令人心醉。其中，又有楼台亭榭，点缀其间，更增艳丽。

（1）福建某茶艺馆。建筑格局参考了我国明清时期江南园林的营造方式，在400平方米的有限空间内布置了亭、台、楼、廊、水池、假山等不同景观。

（2）香港的"雅博茶园"。地处粉岭，由茶道馆、茶园、制茶室、陶瓷作坊、教室、图书阁等设施所组成，环境优雅恬静，曲径、小桥、池塘、果树、瓜菜、茶树等景物体现了自然之真、自然之美。

（3）杭州某茶馆。坐落于杭州宝石山上，极具江南风格。馆内小桥流水，绿树环绕，造型各异的假山、岩洞令人有一种天人合一的感受。杭州"茶人村""青藤茶馆"等茶艺馆，不仅集名茶、名壶、名画于其中，而且依托西湖美景而筑，小桥流水、假山、修竹，与外部自然风光共融，更显出自然氛围、山野之趣。

### 4. 异国情调式

异国情调式是指茶馆主要建筑中的茶室布置为日本式、韩国式或西欧式等异国异域风格。

（1）日本式。又称和式。按照日本茶室样式建造的茶馆，地面有草席（榻榻米），以竹帘、屏风、矮墙作象征性间隔。室内中间放有矮桌，客人席地而坐。因中国人不适应跪坐，就将桌下地面挖低，以便伸脚。茶具用品甚至服务人员都按日本茶道的要求添置。

（2）韩国式。按照韩国茶室的样式布置茶馆，地上铺有席子，上置矮茶桌，桌上放置壶具、茶碗、茶罐、茶匙、茶筅，室内放有可置放盆景及画轴箱、灯柱、香炉、花瓶等。

（3）西欧式。按照西欧的建筑风格来建造茶馆，室内布置沙发和欧式家具，墙上张挂西洋油画，供应红茶、西式点心，甚至还有供应咖啡、牛奶或啤酒的。

### 5. 时尚新潮式

时尚新潮式，指茶馆的风格、茶室的布置、茶饮的调和形式突破了传统模式，注重时尚、前卫性。这类茶馆更加符合青年人的审美情趣。某休闲 OK 茶吧，是以品茶为主的休闲好去处。它的布置是 pud 式的，一张小小的吧台再加上暗淡的光线，似乎能抚慰受伤的心灵，同时也让浪漫之情更浓烈。软软的地毯、隔音的毛质墙面，使茶吧的卡拉 OK 音响效果更佳。在这里，品上一杯鲜爽味醇的龙井茶，在轻松、宁静、自在的心境下，拿起卡拉 OK 话筒，自娱自乐一番，也是一部分消费者的追求。还有一些茶馆或提供计算机、手机上网服务，或结合棋牌服务项目等。许多茶馆还引进"自助"形式供应精美、多样的茶食茶点，如图 2—10 所示。

**图 2—10** 时尚新潮式的红茶馆

## 二、茶馆的布局

### 1. 饮茶区

饮茶区是茶客品茗的场所。根据规模的大小，茶馆可分为大型茶馆和小型茶室两类。

（1）大型茶馆。品茶室可由大厅和若干个小室构成。视茶室占地面积大小，可分设散座、厅座、卡座及房座（包厢），或选设其中一两种，合理布局。

1）散座。在大堂内摆设圆桌或方桌若干，每张桌视其大小配4把至8把椅子。桌子之间的间距为两张椅子的侧面宽度加上60厘米通道的宽度（见图2—11），使客人进出自由，无拥挤的感觉。

**图2—11** 大型茶馆的散座

2）厅座。在一间厅内摆放数张桌子，距离同散座。厅四壁饰以书画条幅，墙角地上或几上可放置绿色植物或鲜花，并赋予厅名。最好能布置出各个厅室的各自风格，配以相应的饮茶风俗，令茶客有身临其境的感觉。

3）卡座。类似西式的咖啡座。每个卡座设一张小型长方桌，两边各设长形高背椅，以椅背作为座位之间的间隔。每一卡座可坐 4 人，两两相对，品茶聊天。墙面以壁灯或壁挂，或精致的框画，或装饰画，或书法作品等，作为点缀。

4）房座。又称包厢，有的可容纳 7 人至 8 人，有的可容纳 4 人至 5 人。四壁装饰简洁典雅，相对封闭，可供商务洽谈或亲友聚会。包厢也可取典雅的室名。

（2）小型茶室。品茶室，可在一室中混设散座、卡座和茶艺表演台，注意适度、合理利用空间，要讲究错落有致。

### 2. 表演区

茶艺馆在大堂中适当的部位一般设置茶艺表演台，力求使大堂内每一处茶座的客人都能观赏到茶艺表演。小室中不设表演台，可采用桌上服务表演。

### 3. 工作区

（1）茶水房。茶水房应分隔成内外两间：外间为供应间，墙上可开设大窗，面对茶室，放置茶叶柜、茶具柜、消毒柜、电冰箱等；内间安装煮水器（如小型锅炉、电热开水箱、电茶壶）、热水瓶、水槽、自来水龙头、净水器、储水缸、洗涤工作台、晾具架及晾具盘等。

（2）茶点房。茶点房也同样隔成内外两间：外间为供应间，面向茶室，放置干燥型及冷藏保鲜型两种食品柜和茶点盘、碗、碟、筷、匙等专用柜；里间为特色茶点制作、加工处。如果不供应此类茶点，里间可以只设立水槽、自来水龙头、洗涤工作台、晾具架及晾具盘等。

（3）其他工作用房。在小型茶室（馆）里，可不设立专门的开水房和茶点房。在品茶室中设柜台代替，保持清洁整齐即可。根据茶馆规模大小，还可设立经理办公室、员工更衣休息室、食品储藏室等。

## 三、茶馆的布置

茶馆的布置往往体现了茶馆的文化品位、茶馆的文化氛围和茶馆经营者的文化修养。同时，好的茶馆布置也为茶客提供了高雅的环境，使茶客得以在此修身养性。茶馆的布置既要合理实用，又要具备审美情趣，这就需要经营者在精心设计上下一番功夫。以下几个方面是需要认真布置的。

### 1. 名家字画的悬挂

在浓郁的茶香中让茶客静静地欣赏一幅幅怡情悦目的名家字画，可以使茶客获

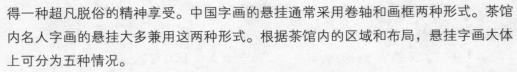

得一种超凡脱俗的精神享受。中国字画的悬挂通常采用卷轴和画框两种形式。茶馆内名人字画的悬挂大多兼用这两种形式。根据茶馆内的区域和布局，悬挂字画大体上可分为五种情况。

（1）门厅的字画悬挂。门厅也称前厅、迎宾厅，是茶馆的入口处和通向饮茶区的过渡空间。如果门厅占地面积较大，可在正面墙上悬挂或安置大幅的中国画作品，使观赏者产生开门见山、清新宜人的感觉。

（2）走廊的字画悬挂。走廊又称过道，人们在茶馆里经常会走过走廊，但一般不在走廊停留。走廊是茶馆营造文化氛围的重要区域之一。在走廊里悬挂字画要保持画与画之间的距离，宁疏勿密。如果画幅大小有差异，要注意画轴底边高度要一致。在悬挂字画时，尽可能将色调相近的隔开，从而使走廊墙面的画幅之间有轻重、冷暖起伏等方面的节奏变化，同时又有和谐的整体感。

（3）楼梯侧壁的字画悬挂。楼梯是茶楼必须设置的通道，它丰富了茶楼的空间环境。茶馆应注意楼梯侧面墙面和正面墙面的装饰。茶馆楼梯墙面的面积有限，以悬挂书画小品为宜。画幅的高低，以画框底线符合成年人视平线为妥，便于字画作品的画面自然地进入茶客的视野内。

（4）柱子的字画悬挂。茶馆内出现柱子有两种情况，一种是作为建筑结构部分的承重柱，一种是根据空间气氛的需要而设计建造的柱子。有些茶馆的开设，是利用原有建筑物进行适当改造和装饰而成的。对于承重柱而言，它本身是室内空间不可拆移的一部分。根据它所处的空间位置和体积大小，结合茶馆空间整体风格进行装饰后，可选择大小适宜的书画卷轴进行悬挂。如果处理得当，会成为茶馆内的一个视觉中心，从而丰富空间层次，活跃空间气氛，使人感觉新颖、独特、自然。

（5）品茶区的字画悬挂。根据茶馆占地面积及布局设计，茶室可大可小。数十平方米以上的大品茶区，就可布置成中国传统的厅堂式。主墙的墙面上可悬挂一幅中堂国画，两旁可衬一副对联（书法作品）。有的可在墙上挂一排四幅国画或名人书法条幅。茶室面积略小的或是雅座包厢，室内可悬挂小品，有的可以仅在一面墙上挂一幅；有的也可在四面墙上各挂一幅，茶客无论座位处于哪一方，都可以观赏到墙上的字画。茶室内悬挂中国字画，如果位置恰当，大小相宜，就显得雅致而又秀丽。茶室内悬挂的中国画，内容可以是人物、山水、花鸟，以清新淡雅为宜。

**2. 玉器古玩的陈列**

书画可以营造茶馆的文化氛围，中国传统民间工艺美术作品也可以在烘托茶馆的文化韵味方面发挥重要的作用。常见的中国传统民间工艺美术作品有玉雕、石雕、石砚、石壶、木雕、竹刻、根雕、奇石等。

### 3. 景瓷宜陶的展示

茶馆在迎客厅或茶厅的陈列柜里摆放茶具，如图2—12所示，供茶客观赏，既可增添品茶的情趣，又可烘托茶馆内的文化氛围。有的茶馆辟有专门的茶具陈列室，供茶客参观；有的茶馆在"艺术走廊"的陈列架上展示名家名壶，供客人观赏，也可让客人选购；有的茶馆还邀请制壶名家或制壶工艺师为客人进行现场制作表演，客人也可当场定制。

**图2—12** 茶具陈列

### 4. 名茶新茶的出样

茶馆可以发挥自身优势，在厅堂的博古架或玻璃橱内陈列展示造型别致、形态各异的各类名茶、新茶，这样不仅可以为茶客传递茶的信息，推动茶品销售，而且可以借助琳琅满目的中国茶品，构筑出一道中国茶文化风景线。

### 5. 绿色植物的点缀

绿色植物在茶室中具有净化空气、美化环境、陶冶情操的作用。

（1）恰当点缀绿色植物。可使茶室显得更加幽静典雅、情趣盎然，营造出赏心

悦目、舒适整洁的品茗环境，从而消解茶客因不良工作环境所造成的烦躁心情。

（2）适宜在茶室中陈设的绿色观叶植物。此类植物品种丰富，既有多年生草本植物，又有多种木本、藤本植物，如广东万年青、冬不凋草、大王黛粉叶、观音莲、龟背竹、君子兰、巴西木、马拉巴栗、散尾葵、橡皮树、棕竹、袖珍椰子、绿萝、吊兰等。此外，还可选用相宜的插花、盆景来增添茶室的雅趣。

### 6. 民族音乐的烘托

为了烘托茶室的典雅氛围，不少茶馆还专门安排茶艺小姐在表演区演奏器乐曲，或播放古典名曲、民族音乐等。常见的民族音乐有古琴乐曲、古筝乐曲、琵琶乐曲、二胡乐曲、江南丝竹、广东音乐、轻音乐等。

# 第4节 家庭饮茶场所的设计

## 一、家庭饮茶空间的类型

### 1. 厅堂式

中式住宅一般都有一个单独的客厅（堂），作为会客、聚友的场所。厅（堂）内可摆设红木家具，如八仙桌、太师椅等。有的家庭在厅（堂）的一侧摆放茶几，配以靠椅或藤椅，供点茶品饮。也有的在厅（堂）的一侧摆放三人、双人、单人组合沙发，另一侧安置"家庭影院"、音响设备，中间摆设茶桌或茶几，上置茶具茶点。

### 2. 书房式

书房在家居中是供读书、写字、作画的房间。书房的类型有多种。独立型专用书房，是最理想的书房；独立共用型书房，是两人或多人使用的书房；非独立型书房，是和其他居室合在一起的书房类型。在日常生活中，书房也是家庭品茶的极好场所。如果有友人来访，在书房内用香茗招待客人，既显得十分雅致，也是情谊深厚的一种表达方式。

### 3. 庭院式

住在底楼的有小院的，住在花园住宅的有小花园的，可在院内或园内设石桌、石凳，或临时摆放茶桌、藤椅，或在院中葡萄架下设竹几、竹椅供品茶，如图2—13所示。

**图2—13** 庭院式家庭饮茶空间

### 4. 其他

家居饮茶并无定所。根据各自条件，或在书房，或在卧室，甚至屋前屋后的空地上，都可设置茶桌、茶几，邀请朋友品茶。饮茶是生活中的一件乐事，可增添生活的情趣。清茶一杯，给人们带来的是一种清静悠闲的好心境。

总之，具有显著个性和独特风格是创设家居饮茶空间的主要追求。

## 二、家庭饮茶的特点

### 1. 突出休闲性

家庭饮茶的特点之一即"休闲性"。在家中饮茶无须正襟危坐，无须许多讲究，尽可追求放松、惬意。品饮活动，不仅给人们带来物质上的享受，也给人以精神上的愉悦。人们在此不仅获得一种修身养性的途径，而且茶及茶具的艺术美给予人们的身心享受也是绵绵不绝、回味无穷的。

**2. 注重保健性**

茶不仅是日常生活中的必需品，同时也是养生保健的妙品。茶叶含有丰富的营养成分和多种功能的药效成分，具有生津止渴、提神益思、降脂去腻、清心明目、消炎解毒、延年益寿的保健作用，因而素有"健康饮料"之誉。随着科学的进步，茶叶中的营养成分和药理作用不断地被研究发现，各种茶的保健功能和防治疾病的功效通过临床验证，也不断地得到肯定。因此，茶疗在当代备受人们的青睐，在家庭饮茶中，许多延年养生茶、美容养生茶、减肥养生茶、抗癌养生茶受到了广泛的欢迎和应用。

**3. 讲究礼仪性**

我国是文明古国、礼仪之邦，家中有客来访，必以茶相敬。以茶待客，是我国最普及、最具民间色彩的日常生活礼仪。客来宾至，清茶一杯，可以表敬意、洗风尘、示友情，成为人们日常生活中的一种高尚礼节和纯洁美德。从古到今，茶与礼仪已经紧紧相连。

总之，家庭饮茶要求安静、清新、舒适、干净，尽可能利用既有条件，如阳台、门庭小花园甚至墙角，只要布置得当，窗明几净，同样能创造出良好的品茗环境。

## 三、家庭茶室实例赏析

随着茶文化知识日益普及，茶艺活动已开始走进千家万户。家庭茶室作为人们日常品茶的重要场所，也越来越多地成为许多家庭的一个组成部分。这里选择几户家庭的实例进行赏析。

**1. 古典式家庭书房茶室（见图 2—14）**

设计者自述：喜欢收藏，寻觅民族古玩，也喜欢茶文化。10多年前在祁连路上海大学附近买了新房，有条件将古家具、古器物、书画等按自己喜欢的方式组合成一个家庭品茗、会友的场所。利用六楼加层室书房的一部分，按古典式有机配置明清书柜、案桌，小古具点缀其间。又配上茶艺用具，将"琴、棋、书、画、诗、花、茶"等七件雅事和谐地统归一室，古朴、雅致，平时一人品茗、读书、写文章；三五友朋来聚，边品茗，边把玩古器谈文说艺，也都兴趣盎然。家有茶室，日子真美好。

**图 2—14** 古典式家庭书房茶室（摄于上海 朱耀东家庭）

### 2. 古民居式家庭茶室（见图 2—15）

设计者自述：正当人们在新房里大肆装潢"欧陆"风格的酒吧时，我却出于对茶文化的追求，特意在家里辟出一间茶室。我用旧柳安地板铺地，用古代建筑中的栏杆靠在白色墙壁上，用古民居的木窗安装在大玻璃窗户上，用至少有一两百年历史的榉木矮几放置茶具……这些都是我到上海及外地的古旧建材市场和古董市场上选购来的，全部都是原汁原味而非仿制的。同时，这些东西的价格也不比新仿制的贵，有些甚至非常便宜，但是需要我花工夫洗刷、清洁、油漆。

我设计的是"席地而坐"，这样茶人之间谈话和交流感情的距离更近了。按照现在中国人的说法，这就是"榻榻米"式的。但我本人并不愿意采用日语的"榻榻米"，因为"席地而坐"，其实本来就是我们老祖宗的生活习惯。我们中国只是在宋元以后开始放弃自己原来的起居习惯，改为坐椅子了。

当然，我考虑到自己和来客已经养成的习惯，所以又配了几把有靠背的矮椅。这样，可以在坐的时候双腿及腰部舒服一些。

无论是在房间的装潢上，在"席地"的方式上，还是在茶具的式样上，我的设计都尽量带着古人传下来的文化信息。当然，我还配备了具有一定水准的发烧级音响，备有中国的古代名曲，加上好茶好水，在我的这间家庭茶室里品茗，怎么不是人生一种尽善尽美的享受呢？

**图2—15** 古民居式家庭茶室（摄于上海 邵理基）

### 3. 厅堂式家庭茶室

（1）"自乐轩"家庭茶室（见图2—16）。设计者自述："自乐轩"家庭茶室主题、布局如下。

1）主题。以茶会友，宾客如归；人茶同品，相得益彰；茶室飘香，怡情养性。

2）布局。以家庭客厅围坐式沙发为主，配有大小腰型茶几，上置茶具、花瓶和摆设。墙上挂有书画，以体现我国传统文化的氛围。横幅书法"以茶会友"。竖幅为"自乐轩"及十六字令"茶"（四首，自撰自书，交替选挂），内容为："茶，好友如茶满室香，心胸沁，相处挚情长。""茶，醒脑提神意味长，心身乐，自古保健康。""茶，如蝶村姑采摘忙，心潮涌，歌唱美家乡。""茶，内外交流始盛唐，通无有，经贸促茶商。"我力求茶室富有文化意蕴。茶室内悬挂竹根老寿星，寓意"茶与健康生活有关"，可使人延年益寿。放置木雕雄鹰，象征雄心不减，志在凌云。挂大红中国结"双鱼"，体现年年有余，丰衣足食。茶席以六座餐桌为主，客厅里摆设茶具、花瓶、小摆设及电视机等，矮柜上放置所用的茶具，以示品茶、聊天、看电视的情境。

**图 2—16** "自乐轩"家庭茶室（摄于上海 斯大品）

**图 2—17** "玉竹常青"家庭茶室（摄于上海 邵慧）

（2）"玉竹常青"家庭茶室（见图 2—17）。设计者自述：来自四川峨眉山的竹叶青，有着与我国名酒一样的名字。它形似竹叶，色泽翠绿，香气高鲜，汤色清明，滋味浓醇，在世界食品评选会上，荣获过国际金质奖。我选"玉竹常青"为茶室名，是借用谐音祝家人身体健康，如竹常青。中国古人崇尚清、简，竹亦是四君子之一，故选用带竹叶图案的瓷茶具，衬托出茶汤的清澈碧绿。四周以绿色调为主，仿佛置身于一片翠绿的竹林之中。花色多样、口味清淡的茶点，更添趣味。与家人围坐一同品尝，享受欢聚时光，一定会让大家度过一个快乐的休息日。

（3）厅堂式"清福"家庭茶室（见图2—18）。设计者自述：我的"清福"家庭茶室借客厅一隅，利用中式风格，古朴雅致的红木桌椅，配以意境悠远的国画和清新宜人的插花。在摆设搭配上，选用雍容大方的青花釉里红瓷器和紫砂名壶。

图2—18 "清福"家庭茶室（摄于上海 高闻隽）

在和煦的春光里，在清风朗月夜，在蒙蒙细雨中，在乍暖还寒时，我细细把玩这套别致的青花釉里红茶具，沏上一壶好的龙井茶或馥郁的茉莉香片，香雾缭绕，云气袅袅……

逢好友知己当前，我捧出各式茶具或安溪铁观音或祁门红茶，抑或果茶，细品慢饮，悠悠回味……

家庭茶室使人们在繁忙的工作之余，以一种完全放松的心态、一种忘我而休闲的方式去面对生活。这也正是当下人走向文明的一种生活方式。鲁迅说过："有好茶喝，会喝好茶，是一种清福。"让我们一起来享"清福"吧！

（4）餐厅式家庭茶室（见图 2—19）。设计者自述：我们家庭的茶室在设计上追求简约、雅致的风格。在空间布局上，并未专设茶间，而是颇具随意性，既可利用餐厅区域，也可在阳台上布置一角。这样既有效利用了生活空间，也真实自然地反映茶正融合于我们的生活之中。如在餐厅区域正中的墙面上，大红底的"茶"字悬挂在墙面上，起点缀装饰作用，两侧配以中国传统水墨条幅，使茶室背景更显淡雅和谐，进一步延伸茶的内涵。这是反映我们全家人喜爱茶、热爱生活的一种居家情调，也让来访的亲朋好友感受我们家庭茶艺的气氛。

**图 2—19**　餐厅式家庭茶室（摄于上海　杨年军）

### 4. 家庭茶室中的茶具盆景（见图 2—20）

设计者自述：以博古架为载体的茶具盆景，将形态风格各异的盆景艺术和古朴典雅的紫砂壶艺有机地糅合起来，将动态盆艺浓缩于壶、盅、杯、盖，使高雅艺术与绿色回归融为一体，将传统文化与现代意识相聚一堂，形象地再现了具有东方情韵的茶艺风采和多姿多彩的壶艺景观，留给人们以美的享受。

茶具盆景重点突出了"壶中展艺""玩艺赏壶"的艺术韵味，赋予古老的壶艺、茶艺、茶文化以新的风姿和内涵。

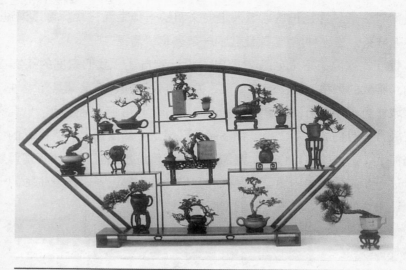

图2—20　家庭茶室中的茶具盆景（摄于上海　章国江）

　　"一壶能知天地春""花翠醇味在壶中"，茶具盆景由内至外呈现一派东方神韵的中国"风"，它再现了中国古典茶韵美。

### 思考题

1. 古人对品茗环境的论述或诗文大都体现出什么审美追求？

2. 为什么说明代文人对个人茶室布置最为讲究？

3. 茶馆选址的基本原则有哪些？

4. 茶馆的风格主要有哪几类？试举例说明。

5. 茶馆的布局一般分为哪几个区域？

6. 茶馆的布置有哪几个方面需要认真考虑？

7. 家庭饮茶空间主要有哪几种类型？

8. 家庭饮茶有哪几个主要特点？

# 第 3 章
# 茶器具选配

### 引导语

　　茶器具，是茶文化中的一个重要组成部分。我国的茶器具，种类繁多，造型优美，既有实用价值，又有艺术美感，因此为历代饮茶爱好者所青睐。在中国饮茶史上，作为饮茶用的专用工具，茶器具也有一个发展和变化的过程。通过茶具本身独到的发展过程，还可以看到茶器具选配、使用的过程中，其功用不仅是有利于烹煮、饮用茶汤，而且涵盖同时代的文化，提供审美对象，增进茶趣，以茶助兴。茶器具的选配、使用技艺是中国茶艺的重要构成。

　　中华民族的茶饮史证明，珍贵茶品与精美茶具相得益彰，给茶艺本身平添了无穷的魅力，可谓是：茶因器美而深韵，器因茶珍而增彩。

　　本章主要介绍茶器具的发生、陆羽《茶经·四之器》的意义、茶器具的分类、茶器具与茶的关系及茶具组合的基本方法。

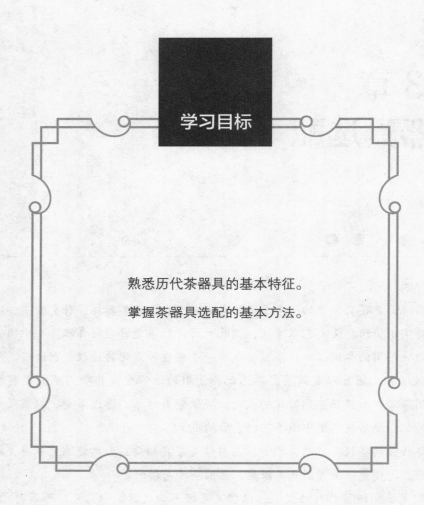

学习目标

熟悉历代茶器具的基本特征。

掌握茶器具选配的基本方法。

# 第 1 节 茶器具的产生

## 一、早期饮茶器具

茶具，古文献中又称茶器，通常是指人们在饮茶过程中所使用的各种器具。茶具同其他饮具、食具一样，产生和发展经过了一个从无到有、从共用到专一、从粗糙到精致的历程。随着"茶之为饮"，茶具也就应运而生，并随着饮茶的发展、茶类品种的增多、饮茶方法的不断改进，制作技术也不断完善。

作为饮茶用的器具，茶具的出现是在茶成为饮料之后。一般认为自秦至汉，我国长江中下游的江浙一带，饮茶习俗已经逐渐传播开来。而作为茶树原产地区域内的巴蜀，饮茶更早，最迟始于秦代。早期饮茶的器具，是与酒具、食具共用的，文献记载和考古发现均予证实。

### 1. 与食器共用

（1）文献中最早提到茶具的是西汉（公元前 206—公元 25 年）王褒的《僮约》。《僮约》中谈道："烹荼尽具，已而盖藏。"这里的"荼"指的是"茶"，"尽"作"净"解。《僮约》原本是一份契约，所以在文内写有要家僮烹茶之前洗净器具的条款。但这里的"具"可以解释为茶具，也可以理解为食具，它泛指烹茶时所使用的器具，还不能断定是专用茶具。另外，这种"具"到底是什么质地和形状，不得而知。

（2）西晋左思的《娇女诗》中说："心为茶荈据，吹嘘对鼎𬬻。"文中已有饮荈（茗）之句，但使用的是一种叫"鼎"的食具。

（3）三国时期的《广雅》记载："欲煮茗饮，先炙令赤色，捣末置瓷器中，以汤浇覆之，用葱、姜、橘子芼之。"但是此"瓷器"是壶是碗不得而知。

（4）晋代卢琳著的《四王纪事》中，记述了晋惠王遇难逃亡（公元 300 年，八王之乱）后返洛阳时有侍从"持瓦盂承茶，夜暮上之，至尊饮以为佳"。文中所述"瓦盂"为食碗。

（5）文献《广陵耆老传》中有一段易让人产生误解的记述："有老姥每旦独

提一器茗，往市鬻之，市人竞买。"其实，分析文中语言，可理解为老妪"独提一器"，器中盛"茗"，而非提一"茗器"。这个故事发生在东晋，晋元帝公元317年即位，与晋惠王"瓦盂承茶"只相差十几年。当时煮茗实为"茗粥"而非饮用之茶。因为从春秋到汉晋时代，茶叶基本上是被当作蔬食羹饮的。《诗疏》云："椒、树、茱萸，蜀人作茶，吴人作茗，皆言煮其叶为食。"《晏子春秋》记曰："齐景公时，食脱粟之饭，炙三弋五卵，茗菜而已。"在当时以茶叶煮茗粥作蔬食的时代，不会冒出当街卖茶水的老妪，况且这还是一则具有神话色彩的传奇之作。因此，此"一器"应理解为可储食物、可盛"茗粥"的器具。

### 2. 与酒器共用

（1）晋代杜育的《荈赋》提到"器择陶简，出自东隅"（陆羽《茶经》作"器择陶拣，出自东瓯"，并指明"瓯，越州也"），说明当时的"茶器"是陶瓷烧制的，而且产自东南浙江地区，然而具体形状和功能仍然不明；"酌之以匏，取式公刘"，其中提到的当时饮茶用器具"匏"，原本是酒器，如图3—1所示。

（2）《晋书》卷九五："单道开，敦煌人也。……时夏饮茶苏，一二升而已。"陶潜《搜神后记》："恒宣武时，有一督将……更能饮复茗，必一斛二斗乃饱，才减升合，便以为不足。"《洛阳伽蓝记》卷三"城南报德寺"："京师士子见肃一饮一斗，号为漏卮。"说的都是饮茶，但这里的

**图3—1** 春秋匏壶

"斛""斗""升""合""卮"等，都是当时酒器的容量或名称，因而可以推测当时喝茶时是借用酒器的。不过，这一过程从什么时候开始，目前尚难肯定。

### 3. 茶具与食器、酒具共用的主要原因

把从"茶之为饮"开始至魏晋南北朝这一时期，定为茶具与食具、酒具共用时代的原因主要有两点。

（1）地位次要。当人们生活中尚以食物为最重要需求即生理需求时，茶叶在人们饮食生活中尚不占重要地位，还未到后来那样非有专用茶具不可。即使在今日，

当专用茶具已形制多样、十分先进时，也并不难见到普通人家用食碗、酒杯喝茶的现象；酒具、食具、茶具互用的情况，也时有所见，如果选配得当，还有"返璞归真"之感。

（2）知识欠缺。人们对茶的饮用功能尚缺乏认识，茶饮方式尚在初始状态。专门化的茶具只有在茶被赋予更多的文化、意识理念时，在茶成为一种独立饮料并讲究烹制方法时，专用茶具的出现才会成为可能。

但是，我们在把汉晋时代定为茶具与食器通用时代的同时，仍然要注意到，这个时代又是茶具走向专用的转折时期。对于茶器具发展历史而言，应该说自汉开始，经六朝，至隋唐以前，在这一相当长的历史时期内，茶器具已初具法相。

## 二、专用茶器具的确立

### 1. 推动茶器具专业化的主要条件

随着茶成为一种专门饮料，饮茶方式不断改进，对器具产生了特殊的需求，从而促进了茶器具的专用化。但推动茶器具专用化又是综合性的因素，主要有以下五项条件。

（1）茶叶广泛种植（见图3—2），茶叶的采制工艺成熟、定型。

（2）茶成为专门饮料，对饮茶方法有了较明确的认识。

（3）宫廷、王公贵族上层社会及文人雅士崇尚茶饮，使文化艺术与茶事相融，茶饮进一步得到"雅化"。

（4）对器具功能要求基本明白。

（5）有了相适应的器具生产、工艺条件。

### 2. 唐代煮饮茶器具焕然一新

唐代特别是中唐时期，上述几项条件不断走向成熟，使煮饮茶的器具焕然一新。

（1）出现真正的茶碗。湖南长沙的唐代古窑址中曾出土一些瓷碗，湖南文物考古研

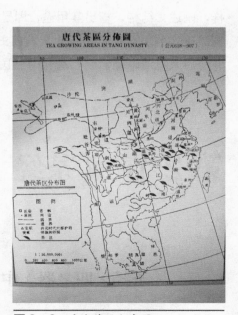

**图3—2** 唐代茶区分布图

究所曾收藏一件瓷碗，碗底中央书有"茶"字，可见是真正的茶碗。"茶"字是唐代中期才出现的，在此之前都写作"茶"，因此这件茶碗的年代应是唐代中期以前的产品。长沙窑古称岳州窑，在唐代颇有名气，陆羽《茶经》中指出："岳瓷者青，青则益茶。"用青釉茶碗盛茶汤，可使茶汤显得更加青绿，所以受到陆羽好评。

（2）窑场竞相生产茶具。唐代中期以后，特别是陆羽《茶经》问世后，民间盛行的饮茶方式是煮茶法，因此当时民间主要是煮茶用的茶具。《封氏闻见录》记载："楚人陆鸿渐为茶论，说茶之功效，并煎茶、炙茶之法，造茶具二十四事，以都统笼贮之，远近倾慕，好事者家藏一副。"可见陆羽《茶经》的问世，大大促进了唐代饮茶风气的兴盛，也促进了唐代茶具的规范和生产，提高了茶具在茶事活动中的地位。据《茶经》记载，当时全国各大名窑如越州、鼎州、婺州、岳州、寿州、洪州、邢州、处州等，都竞相生产茶具，其中又以越州和岳州的青瓷茶碗最好。

（3）形成完备配套的茶器具组合。由于唐时茶已成为人们的日常饮料，更加讲究饮茶情趣，因此茶具不仅是饮茶过程中不可缺少的器具，并有助于提高茶的色、香、味，具有实用性，而且一件高雅精致的茶具，本身又富含欣赏价值，具有很高的艺术性。所以，我国的茶具到唐代中期时，不但门类齐全，而且讲究茶具质地，注意因茶择具。陆羽在《茶经·四之器》中开列了二十四器的名称，并描绘其式样，阐述其结构，指出其用途，即是在总结前人饮茶使用的各种茶具后，按自己的判断确定的。这是中国茶器具发展史上对茶器具最明确、最系统、最完整的记录，它使后人能清晰地看到，唐代时我国茶器具不但配套完整，而且已经形制完备。

# 第2节 《茶经·四之器》的意义

## 一、《茶经·四之器》中的茶具分类

《茶经·四之器》开列了一张饮茶用具的清单。在这张"清单"中，不仅可以看到一只较大的都篮和其中所放置的全部用具，还可以从中看到唐代饮茶的习俗，特别是作者陆羽所提倡的一整套饮茶方法。了解"清单"内容，对学习、研究唐时煮饮茶的方法、学习茶器具选配等是很有帮助的，而且是必要的。《四之器》所载二十四器（28 件）煮茶和饮茶用具可归纳为九类。

**1. 生火器具**

（1）风炉。即烧水的火炉，形状如古鼎，底有三足，炉身有两耳、三窗（通风），底有一孔可通灰并透气助火。是陆羽亲手设计。这种风炉"以铜铁铸之"，也可"运泥为之"，即用陶土烧制。与风炉配套的有"灰承"，放置在风炉底部洞口下，供承灰用。

（2）筥。用竹或藤编织的炭篓子。

（3）炭挝。敲碎木炭的铁锤子。

（4）火筴。用铜或铁制作的两支夹火炭的筷子。

**2. 煮茶器具**

釜：用生铁铸成的烧茶水的锅（也有用瓷、石、银制成的），口沿较宽，锅边有两个方形耳，便于提取而不烫手。釜的附件有"交床"，是放置烧水铁锅（釜）的十字交叉状器物。

**3. 炙茶器具**

（1）竹夹。竹制的夹子，用于夹住"团饼茶"在火上烤炙。

（2）纸囊。盛放烘烤好的茶饼，以防香气散逸，以白、厚的剡藤纸（今浙江嵊县剡溪所产）缝制而成。

**4. 碾茶器具**

（1）碾。碾是用木头制成的碾茶工具，将茶饼碾成茶末。与碾配套的有"拂末"。拂末用鸟的羽毛制成，用于碾茶后拂扫茶末。

（2）罗合。罗是将茶末筛成茶粉的筛子，合是用竹木制成的装茶粉的盒子。

（3）则。则是衡量多少的标准，大致煮 1 升水，用 1 方寸匕的茶末，喜欢喝淡茶的可减少，爱好较浓的可增加。用贝壳或是铜、铁、竹制成的茶匙、小箕之类充当，煮茶时用它来舀取茶粉放入釜中。

**5. 储水器具**

（1）水方。盛储清水的容器，以桐木、槐木等硬木制成，外敷漆。

（2）漉水囊。滤水的器具，用铜、竹、木制作骨架，用青竹丝编织水囊。

（3）瓢。舀水的器具，选用剖开的葫芦壳或梨木制成。

（4）熟盂。用陶制成的盛水容器，主要用来盛熟水。

### 6. 存盐器具

（1）鹾簋。用瓷器制成的存放食盐的盒子。

（2）揭。用竹子制成的取盐器具。

### 7. 饮茶器具

（1）碗。用陶瓷烧制的供人们饮用的盛茶汤器具。

（2）畚。用白蒲编织成的装茶碗的器具。

（3）札。用棕榈皮制成的调茶器具，外形像毛笔。

### 8. 清洁器具

（1）涤方。用木板制成的盛废水的器具。

（2）滓方。用木板制成的盛茶渣的器具。

（3）巾。用粗绸制成的擦拭茶具的手巾。

### 9. 存放器具

（1）具列。用竹、木制成的床形或架形的收藏或陈列茶具的器具。

（2）都篮。用竹篾制成的盛放各种茶具的容器。

以上是陆羽提倡的饮用饼茶的煮茶法时所使用的茶具，其中最重要的是碾茶、煮茶、饮茶器具，其他的都是辅助性器具，除了城市里富贵人家讲究排场需要备齐外，一般情况下人们可以根据具体情况而有所省略。

## 二、《茶经·四之器》的影响

### 1. 适应了文人雅士、上层社会乃至宫廷"雅化"茶事的追求

《茶经·四之器》所开列的饮茶用具"清单"，是唐时饮茶全过程所需的全部器具，并非是饮茶时这些器具必须一一具备。这些茶器具从功能细分、材料选择、制作特点、文化艺术与煎茶要求的吻合等各个方面都十分完备。它是从晋到唐茶器具经探索演变、改进而形成的，是中国茶饮史中第一套完整的茶器茶具的经典组合，适应了文人雅士、上层社会乃至宫廷"雅化"茶事的追求。

（1）王公贵族喜欢精美华贵茶具。1987年，在陕西扶风县法门寺出土了一批唐代皇室宫廷使用的金银、琉璃、秘色瓷等器具。这些器具埋葬于公元873年，

同时出土的《物帐碑》记载："茶槽子、碾子、茶罗子、匙子一副七事共重八十两……琉璃茶椀拓子一副……"可见是一套真正的茶具,从其铭文中可知是唐僖宗所供奉的宫廷茶具。这套茶具的出土,让人们亲见唐代皇室煮茶的整套器具,了解其煮茶整个程序,加深了对《茶经·五之煮》有关煮茶过程的理解。它显示了皇权至尊的气派、君临天下威镇臣民的庄严,揭示了唐代宫廷茶文化的历史面貌及其价值追求,因此引起了国内外茶文化界的高度重视。出土文物和史籍记载均表明:这种对精美华贵茶具的价值追求也为后代所延续,如宋徽宗《大观茶论》中就主张"瓶宜金银""碾以银为上";唐代的秘色瓷、宋代的五大名窑及建窑的黑釉茶盏、元代的釉璃红、明清的青花瓷及斗彩、五彩茶具的精品都要首先进贡皇室,有的还是专门为皇室烧制的;流风所及,甚至连塞外的少数民族也不例外,如 1986 年内蒙古奈曼旗辽陈国公主墓出土了大量金银、玛瑙、水晶器物,其中就有银执壶和银托盏,同时出土的玛瑙碗、水晶杯等也是属于茶具。

（2）文人学士着重茶具的审美情趣。中国茶文化在中晚唐时期成为一种真正有较深内涵的文化,是真正放下了现实功利追求的文人们起了关键作用。"安史之乱"及之后悲凉、无奈的现实,让文人们更多地沉湎于享受日常生活,他们在以茶娱情、审美、快慰心灵时,也写下了许多描绘、赞美茶器具的诗文。如晚唐诗人陆龟蒙《秘色越器》,赞美越窑瓷器为"九秋风露越窑开,夺得千峰翠色来";皮日休《茶中杂咏并序》及陆龟蒙《奉和袭美茶具十首》中均有对茶籝、茶灶、茶焙、茶鼎、茶瓯等茶器具的赞美。自唐以后,历代文人对茶具的审美情趣不减,如宋代苏轼有《次韵黄夷仲茶磨》《次韵周穜惠石铫》等专门描绘茶器具的诗篇;宋代盛行点茶,所用茶器具相应减略,南宋审安老人于咸淳五年（1269 年）所作《茶具图赞》,集宋代点茶用具之大成,以传统的白描画法画了 12 件茶具图形,称之为"十二先生",并按宋时官制冠以职称等,如韦鸿胪（茶笼）、金法曹（铜碾）、石转运（石磨）、罗枢密（茶罗）、漆雕秘阁（托盏）、陶宝文（茶碗）、汤提点（茶瓶）、竹副帅（茶筅）等,足见当时文人对茶具的钟爱之情。

（3）民间百姓讲究茶具的实用性和艺术性兼顾。唐时民间还有饮用末茶、散茶的习惯,如"痷茶法"等主要用"瓶缶"之类的壶具,特别是直接煮饮散茶时,其器具更为简单,煮茶可用普通的鼎罐或铁锅,不像《茶经》中所要求的那么完备,所以各地瓷窑遗址中出土最多的茶具就是瓷壶和瓷碗。宋时民间盛行斗茶,黑釉茶盏大受欢迎,但在不流行斗茶的其他地区,人们则喜欢使用青白釉瓷器,茶具种类也不限于茶盏，还有瓷壶、瓷瓶、托盏、碗、杵、碾钵等。到宋代，审安老人《茶具图赞》中提到的铜碾和漆雕托盏是富贵人家所使用的，民间更多地使用瓷器烧制的茶碾和茶碗。

### 2. 对创新茶器具选配富有启迪作用

《茶经·四之器》所规范的茶器具选配方法，对承前启后大有益处。自唐以后乃至今日中国，茶具仍有《茶经·四之器》所记载的遗风。如宋代点茶法所使用的茶器具选配，蔡襄在《茶录》中提到的有藏茶用的茶笼，碾茶用的茶碾、茶罗，注茶用的茶盏，击拂茶汤用的茶匙（茶筅）以及点茶用的汤瓶等六种；赵佶在《大观茶论》中提到的茶具组合则是罗、碾、盏、筅、瓶、杓

图3—3　宋代茶铫

六种。为适应"斗茶"活动，煎茶用具改为铫、瓶。"铫"俗称吊子、茶吊，作煎水用；茶瓶鼓腹，有嘴有柄，"瓶要小者，宜候汤，又点茶、注汤有准"（宋·蔡襄《茶录》）。图3—3所示为宋代茶铫。明清两代是中国古代茶具的变革时期，这种变革源于饮茶风习方法的变革。尽管当时仍有不少人沿袭前朝古风，煎团饼、点末茶，但总体是向泡茶发展，从而使茶器具日趋简约，在茶器具工艺上更加讲究。近代和现代，由于时代的前进，茶器具也呈现出多彩、多元的崭新格局。这种格局源于现代社会人们生活的多彩性和取向的多元追求。科技文化的发展，中外文化的交流融合，加上器具生产技术工艺的日益精进，为人们广泛地选择多样化茶具提供了条件。如在器具的组合上，可以简化到一个储水暖瓶、一个茶杯、一个茶叶罐，但也可以博采古今形成数十件的庞大组合。在形制材质上也多彩多样，除了传统的陶瓷茶具外，还有铜、锡壶茶具，漆器茶具，珐琅彩茶具，玻璃茶具等。

### 3. 首次阐述了茶具与茶汤的关系

邢窑在唐时名气很大，李肇《国史补》曾述及"邢白瓷瓯……天下无贵贱通用之"。但在《茶经·四之器》中，陆羽推崇用青色的瓷碗品饮茶，说"青则益茶"，进而认为越窑比邢窑好："邢瓷白而茶色丹，越瓷青而茶色绿，邢不如越……"结论是"以邢州处（在）越州（之）上，殊为不然"。因为凡是白色、黄色、褐色的

瓷，都会使茶汤分别呈现红色、紫色、黑色，所以"悉不宜茶"；而青色的瓷，可使茶汤呈现绿色，所以有益于茶。当时，饼茶的汤色是淡红色的（"茶作白红之色"），陆羽从艺术欣赏的角度出发，认为绿色胜于红色，因而选用青色的越瓷（见图3—4）。这无疑具有开创性意义，从而促使后人重视茶具颜色对茶汤色泽的衬托作用。如宋代茶盏崇尚黑色，并以通体黑釉的"建盏"为上品，原因就在于斗茶时侧重于汤色，均以白为胜，要求茶叶汤色泛白，并以形成鲜白的"冷粥面"为佳，而以青白、灰白、白为次；同时盏壁无水痕（不"咬盏"）。这些要求使黑釉盏因最能衬托茶色而倍受青睐，并以釉面结晶出现精妙花纹的兔毫斑、鹧鸪斑为珍贵。从明代起，人们对品茗容器已不再尚青崇黑，而是回归清淡，以白为宜。明代许次纾在《茶疏》中言"其在今日，纯白为佳"。瓷质茶具洁白光亮、使用方便、洁净美观，泡茶时，芽叶舒展，赏心悦目，从明代起异军突起，走进了千家万户。图3—5所示为明成化青花花鸟纹碗。

图3—4　青瓷碗　　　　　图3—5　明成化青花花鸟纹碗

### 4. 根据实际情况选用茶器具的观念

《茶经·四之器》既重视树立规范，讲究器具功能、艺术的配合，又视实际需要，灵活运用，删繁就简，推陈出新。陆羽总结的茶器具组合，功能十分精细，但难免失之烦琐，很难在市井百姓以及很多场合使用。陆羽同时也明确提出这些器具可"略"：若可临泉取水，则几件水器可省略，若可就山石煮水，则风炉等器可省，不必拘泥，如此等等。这种从茶艺的实际情况出发的观念，值得后人继承。当然，陆羽也提出"城邑之中，王公之门，二十四器阙一，则茶废矣"。

《茶经·四之器》蕴含着陆羽所倡导的人文精神和审美追求，其意义是多方面的，是我国茶器具专业化、细分化的奠基之作。

# 第3节　茶器具的分类

## 一、茶器具的分类原则及方法

中国茶器具是随中华民族的饮茶实践、社会发展而不断创新、变革、完善起来的。茶器具的组合方式、内容是动态的。一方面，它随饮茶习俗的演变而变化；另一方面，茶器具的组合方式和内容具有一定的自由空间，即使在同一时期，泡饮同类茶品，人们仍然可以依照泡茶饮茶的功能需求及个人喜好进行个性化的选择。

### 1. 茶器具有狭义和广义之分

狭义上的茶器具是指泡饮茶时直接在手中运用的器物，具有必备性、专用性的特征；广义上的茶器具则可包括茶几、茶桌、座椅及饮茶空间的有关陈设物，如图3—6所示。这些器物虽冠有茶字，但在一般情况下具有多用性，既可用来事茶，也可用来吃饭、念书、放物。只有在举行专门茶会，在专门的茶楼、茶室中时，这些物件才成为与茶关联的必备物。

### 2. 狭义上的茶器具内容

依照历史与传统，我们所谈的茶具，一般均指泡茶品饮用的狭义上的茶器具。其中，有泡饮茶的主器具组合和辅助性的泡饮茶的工具。这两部分的茶具内容繁多，现择其主

图3—6　广义上的茶器具

要列为十个方面。

（1）生火工具——如风炉、火筴等。

（2）煮茶器具——如釜、茶铫等煮水容器。

（3）制茶用具——如茶碾、罗合等。

（4）量茶工具——如茶则等。

（5）水具——如水方、漉水囊等。

（6）调味器具——如盛水、盐或其他配料的容器。

（7）泡茶用器——如壶、杯、盏等。

（8）饮茶用具——如碗、杯、盅等。

（9）清洁用具——如涤方、滓方、茶巾等。

（10）储物用具——如古之"具列"、今之包箱等。

在上述十个方面的茶器具中，"水具""调味器具""清洁用具"和"储物用具"属于辅助性器具。因为这四个方面的器具功能上属于辅助地位，并具有一定的可替代性，不如其他六个方面的器具那样必备、专用，较难替代。

**3. 茶器具分类的一般方法**

（1）以材料特质分。从茶具所采用的材料特质出发进行分类，可以分出陶瓷器具、紫砂器具、竹木器具、玻璃器具、金属器具等多种类别。

（2）以茶具功能分。从茶具所具备的功能出发，可分为燃具、储水具、煮水器、置茶具、洗涤具等类别。

（3）以泡茶过程为主体分。茶的泡饮主要为三个过程：首先，备好开水，可当场烧煮，也可以保温瓶储放；其次为泡茶，从取茶叶、置茶到冲泡完成；最后为品茶，茶汤一离开冲泡容器，即进入品茶过程。以茶的泡饮三个过程或三个阶段作为茶器具分类的界限，可以较清晰地认识主茶具，并与泡饮过程紧密吻合。然后，将涉及这三个阶段中需用的其他器具归纳为辅助茶具。这样既重点明确，又齐全完备。

# 二、茶器具的组成部分

茶器具在中华民族的茶饮历史中，是不断创新、变化的过程，茶器具的组合走过了由"简"→"繁"→"简"的循环发展过程。不少古茶具已因茶事变革而被后人摒弃，如风炉、茶碾等，今天只能在博物藏馆中才能看见。

从今天茶饮生活和茶事活动的实际出发，可以将茶器具划分为四个部分。

### 1. 备水器具

凡为泡茶而储水、烧水，即与清水（泡茶用水）接触的用具列为备水器具。今天的备水器具主要为煮水器和开水壶两种。煮水器（见图3—7）是"有源"的烧水器，其中有电加热和酒精加热等。"开水壶"是在无须现场煮沸水时使用的，一般同时备有热水瓶储备沸水。

图3—7　煮水器

图3—8　泡茶容器

### 2. 泡茶器具

凡在茶事过程中与茶叶、茶汤直接接触的器物，均列为泡茶用具。这部分器具为必备性较强的用具，一般不应简化，可替代性也甚小。

（1）泡茶容器（见图3—8）——如茶壶、茶杯、盖碗、泡茶器等。

（2）茶则——用来衡量茶叶用量，以确保投茶量准确。

（3）茶叶罐——用来储放泡茶需用的茶叶。

（4）茶匙——舀取茶叶，兼有置茶入壶的功能。

### 3. 品茶器具

凡盛放茶汤并方便品饮的用具，均列入品茶器具（见图3—9）。品茗器具专用性强，较难被替代和省略。

（1）茶海（公道杯、茶盅）——储放茶汤。

（2）品茗杯——因茶而异，选定品尝茶汤的杯子。当用玻璃杯时，往往泡、品合一。

（3）闻香杯——嗅闻茶汤在杯底留香时用。

**图3—9** 品茶器具

**图3—10** 辅助用具

### 4. 辅助用具

即方便煮水、备茶、泡饮过程及清洁用的器具（见图3—10）。

（1）茶荷、茶碟——用来放置已量定的备泡茶叶，兼可放置观赏用样茶。

（2）茶针——清理茶壶嘴堵塞时用。一般在泡工夫茶时，因壶小易塞而备。

（3）漏斗——方便将茶叶放入小壶。

（4）茶盘——放置茶具，端捧茗杯用。

（5）壶盘——放置冲茶的开水壶，以防开水壶烫坏桌面。

（6）茶巾——清洁用具，擦拭积水。

（7）茶池——不备水盂且弃水较多时用。

（8）水盂——弃水用。

（9）汤滤——过滤茶汤用。

（10）承托——放置汤滤等用。

这部分用具服务于泡饮三阶段，具有较大的可替代性，也较易被省略。通常人们将茶则、茶匙、茶针、茶夹四件装在一个特制竹或木罐中，组合起来便于收放和使用，但叫法混乱，且不够科学，为通俗起见，可称为"茶匙组合"。

目前常见的四部分器具，共 20 件左右。随着茶品的开发、创新和时代精神的融入及生活需要的推动，茶具无疑会不断变化，不断推陈出新。

# 第4节 茶器具与茶的关系

## 一、好茶需有妙器配

### 1. "良具益茶，恶器损味"

中华民族在几千年的茶饮实践中逐渐发现了器具选择得当与否，与泡茶、品茶的结果好坏、获得的享受水平高低密切相关，从而深感"良具益茶，恶器损味"。自中唐以后，人们在重视茶具对茶汤色泽的衬托作用外，还愈加重视茶具的材质、大小对茶的色、香、味等方面影响。如宋代人用"汤瓶"点茶，应选什么样的"汤瓶"呢？蔡襄云："瓶要小者，易候汤……黄金为上，人间以银、铁或瓷石为之。"明代人追求以宜兴紫砂壶泡茶，明周高起在《阳羡茗壶系》中说："其制以本山土砂，能发真茶之色香味。"清代煮水喜用铫子，震钧著《天咫偶闻》卷八"茶说"在谈及茶器具时认为："器之要者，以铫居首……盖铫以薄为贵，所以速其沸也。"并指出：石铫必不能薄，铜铫必不能洁，瓷铫又不禁火，均为不宜。对"茗盏"则认为"以质厚为良"，茶匙"瓷者不经久"，提议以"椰瓢"为之，竹与铜皆不宜，并对水方、风扇都提出了技术要求。

### 2. 审美价值上的要求

历代茶人除在实践中对茶器具在功能技术方面提出许多要求外，对茶器具的欣赏把玩也提出了诗情画意般的追求。比如："茶瓯"是茶事中的实用器皿，但在唐代诗人皮日休眼中，茶瓯"圆似日魂堕，轻如云魂起"；陆龟蒙则推崇色泽如玉、光彩照人的茶瓯："岂如珪璧姿，又有烟岚色，光参筥席上，韵雅金罍侧。"品饮者如果有了自己喜欢的茶瓯，那会平添无穷雅趣，"喜其紫瓯吟且酌，羡君潇洒有余情"（宋·欧阳修《与梅尧臣共品建茶》）。即便是一支调茶的竹筅，茶人也会感悟出"此君一节莹无瑕，夜听松声漱玉华"的意境（元·谢宗可《茶筅》）。

历代文人几乎都是茶人，他们对茶具的选配自然地会引入文化艺术的元素，并在推杯移盏之中或作诗唱赋、挥毫泼墨，或精烹细品、邀友相聚，或文火细烟、小鼎长泉。他们对茶器具在功能性、艺术性上的追求和论述，内容浩繁，精妙甚多，反映了中国茶艺中烹茶技艺之精、品饮艺术之雅。

## 二、茶器具八项技术特性与茶的关系

历代茶人对茶器具特别是对直接泡茶品茶的主要器具提出了许多要求和规定，归纳起来主要有五个方面，即：有一定的保温性；有助于育茶发香；有助于茶汤滋味醇厚；方便茶艺表演过程的操作和观赏；具有工艺特色，可供把玩欣赏。一般来说，这五个方面的前四个主要是功能即器具的技术特性，对此我们可以细化为八项特性加以认识。

### 1. 材质

材质是茶器具的第一要求。茶器具的材质与泡茶品茶的个性相关联；所泡茶品不同，对泡茶的容器材质要求也不同。自唐朝茶事兴盛以来，茶器具的选材十分广泛，涉及金、银、铜、玉、陶、瓷、木材、竹材、石材等。现代人所用茶器具，主要为铜、铝、陶瓷、搪瓷、紫砂、玻璃、竹、木。目前，在冲泡品饮的主要茶具中，材质上选用最多的是玻璃、陶瓷、紫砂。这三种材料具有各自的技术特性，并因这些特性而对泡茶、饮茶会产生不同的影响。

（1）玻璃茶具（见图 3—11）。玻璃材料密度高，硬度大，具有很高的透光性，但导热快，易烫手，坚硬而易碎，无透气性。玻璃茶具的优点是使用方便，易求易得，并有利于观赏杯中茶叶、茶汤的变化。

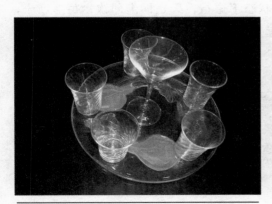

**图 3—11** 玻璃茶具

**图 3—12** 瓷质茶具

（2）瓷质茶具（见图3—12）。瓷质茶具的硬度、透光度低于玻璃茶具但高于紫砂茶具。瓷质茶具质地细腻、光洁，能充分表达茶汤之美，保温性高于玻璃茶具，在工艺特色上，特别是在表现文化风格上，优于玻璃茶具。

（3）紫砂茶具（见图3—13）。紫砂茶具的硬度、密度低于瓷质茶具，不透光，但具有一定的透气性、吸水性、保温性，这"三性"对滋育茶汤大有益处，并能用来冲泡粗老的茶叶。

**图3—13** 紫砂茶具

（4）器具材质对泡茶品茶的影响。器具材质对泡茶品茶的影响，主要体现在硬度、密度、透光度及由此产生的吸水性、透气性、保温性（导热特征）等方面。由于紫砂、瓷器、玻璃均系高温烧制，化学结构已经稳定，所以泡茶时一般无化学反应。但石壶、石杯则不同，因为石茶具是以天然石材雕琢而成的，未经过高温烧制，石材中所含矿物质等可能对茶汤有一些影响。

### 2. 形状

茶器具的形状，不仅要满足外观审美的需求，同样也要满足茶艺的技术性要求。以茶壶为例，壶的大小、口腹的比例、壶口到壶底的高度，都与泡茶的个性需求有关。如泡乌龙茶，因追求在高温状态下进行，又是即泡即饮，每泡沥干，不留茶汤，所以选配时均选择体积小、壶口小的紫砂壶，既使泡成的茶汤量适合杯数，又有利于蓄温、升温，促进茶汤浓醇，茶香焕发。沏泡红茶时，因茶汤量远大于乌龙茶，所以壶应适当选大些，宜用鼓腹、深壁的茶壶，这样才有利于壶内温度的保持，焕发红茶汤的亮艳香醇。如以壶泡绿茶，就需选大口径壶，扁腹、浅壁为宜。即便如此，有时还需注意不要盖上壶盖，以防闷熟茶汤，捂黄嫩叶。开水壶应壶流细长，品茗杯需大小适宜，闻香杯应径细壁深等，均为茶艺的技术所需。

### 3. 容积（尺寸）

单件茶具在尺寸上应符合实际需求，如开水壶的容积、泡茶壶的容积均应与共同品茶的人数有关。同时，各件茶具包括辅助用具尺寸上应体现主次、层次，实现相互匹配，具有和谐一致的统一性。如小茶桌上配一块薄薄的小茶巾，甚是洁雅，但换一块洗脸毛巾，虽可用却不雅。

### 4. 感觉

感觉主要是对品茗杯的要求。品茗时特别需要感觉，在品茗艺术中，感觉几乎是至上的，但在茶事实践中，人们往往会忽视。品茗杯不仅外形要具特色，色泽（特别是内壁色泽）应宜茶，而且要注重品茗杯的大小、壁厚程度、杯口的弧形特征等。品茗杯特别是工夫茶小杯，拢指端杯应有稳定感，品茗时有舒适的口感。将"感觉"要求推而广之，对其他一些茶具，如茶壶盖纽、壶柄也应形制合理、手感好。

### 5. 保温

茶器具中，凡用于泡茶、品茶的主器具，一般都有保温性要求。只有选配了保温性能、散热特性符合要求的器具，也就是掌握了器具的保温散热特点，才能确保茶艺全过程完美。如不锈钢制品导热性极佳，升温快，散热也快，易烫手；石壶虽有一定壁厚，但导热较快，很烫手，较难驾驭，所以石壶往往以艺术性、观赏性见长，供观赏和收藏。

### 6. 便携性

外出携带用的茶器具要具有便携的特性，所选茶具应简易方便，形成精巧组合。如泡茶容器一般选小瓷壶或紫砂壶，而不选较复杂的盖碗三件套；茗杯应注重小巧，有一定的壁厚，不易破碎；储放开水的保暖瓶应选择有较高真空度，外观细长的，以确保适用且方便。

### 7. 齐全

齐全是相对于需求而言的。粗放式的可以一把茶叶一杯水，十分简单。而从茶艺的要求出发，就要有意境的追求、文化的品位、生活艺术的讲究，茶具的齐全便不可忽视。

### 8. 耐用

耐用也是实用。选配茶具应是在实用性基础上追求艺术性，这两者颠倒了就会妨碍茶事的顺利进行，影响泡茶、品茶过程的享受效果。易碎、易烫手等不安全因素应事先予以排除。

### 三、茶器具工艺性的要点

为了正确选配茶具，除了在技术特性上应满足茶艺要求外，还应在工艺上把握四个要点。

#### 1. 优良工艺是技术性的保障

优良的工艺是指茶器具在制造上的精良程度。如玻璃杯，应外形无缺陷，透明度高，大小适宜，不要使用残次商品；盖碗杯的瓷质应细腻光滑，杯身特别是内壁应洁白无瑕，盖与杯圆弧相配；紫砂壶应质地细腻、制作精细，无论方圆皆构思精妙，具有高雅的气度，透出韵律感，在密封性、摆放平稳、出水润畅、无滴水等方面均符合要求，不要贪便宜购进粗制滥造或泡浆、打蜡的劣品。

#### 2. 风格独特是个性化的选择

茶器具的独特风格是茶艺中富有魅力的一个组成部分，我们应当追求多样化的茶器具组合风格，即个性化追求。茶器具的个性化主要表现在造型、色彩、文化内容的融合上。

（1）造型。在造型上追求富含创意、神形兼备。

（2）色彩。在色彩上或高雅、或富丽、或恬淡，依个人所好。一般茶人均崇尚高雅，摒弃艳俗，追求返璞归真，反对矫揉造作。

（3）文化内容。壶杯用具往往绘以山水，制以诗词，琢以细饰，增添艺术气息、书卷气息。

#### 3. 组合和谐是赏心悦目的前提

泡茶、品茶是个过程，应依程序逐一而行；茶器具是个组合，应依功能需要互相匹配协调。因此，一个茶器具组合应当和谐相配，给人以赏心悦目的感受。其中应注意各种器具在材质上要互相映照、沟通，共同形成一种气质；在造型体积上要做到大小配合得体，错落有致，高矮有方，风格一致，力戒杂乱无序。

#### 4. 观赏把玩是文化品位的追求

茶器具的观赏性、把玩功能是所有茶人共同追求的。因此，在满足使用功能的前提下，应努力满足观赏把玩的需要。特别是对壶、杯、盏及使用频繁的"茶匙组合"应予以重视。

市场上常见的由茶则、茶针、茶匙、茶夹、漏斗组成的"茶匙组合"，一般为木制品、竹制品。这些组合常出现的问题有材质低劣、制作粗糙笨大、造型俗气、比例不当、使用不顺手等。这些问题的存在，不仅会影响茶艺特别是茶艺表演的流畅进行，更会导致无欣赏价值可言。而有的小件组合，件件细致精妙，即使是一支茶针，加工精细，设计成一细竹枝，枝身细圆光滑，竹节显露，执手处两片竹叶细腻灵动，如临风摇曳。虽然是件小玩意，却可容茶人把玩一番。至于瓷质、紫砂的壶、杯、盏的艺术性，更是品相、气韵变化万千，文化内容融入渗出，在茶艺中更显雅趣。

# 第 5 节  茶器具的组合

## 一、台式茶具的一般组合

### 1. 台湾地区茶人对工夫茶具的改进

台湾地区的茶艺始于 20 世纪 70 年代后期。80 年代后先后涌现出大量茶艺馆，并相继出版了《壶中天地》《紫玉金砂》《中华茶艺》等一大批介绍茶艺、壶艺和茶事活动的书报杂志和交流资讯材料。一些著名茶业企业和茶艺研究单位，在组织介绍、演示茶艺、培训讲座、组织茶会茶事活动中，十分注意推广茶器具的选配知识，同时还研制开发出一批新型茶具及其组合。这些茶器具不仅具有浓郁的民族传统特征，具有相当的艺术性，而且在融合时代精神、满足都市人群审美情趣以及实用性方面，都有突破性的进展。由于台湾地区的茶艺活动首推工夫茶的泡饮方式（见图 3—14），因此茶器的改

**图 3—14**  台湾地区茶艺演示

革与组合也多以此为重点而展开。

结合传统，台湾地区茶人对工夫茶具进行了几种很有意义的改进与创新。

（1）电水壶。为方便当场烧煮沸水，推出了别具一格的电水壶。电水壶由上、下两部分组成，上部为内置电热盘的盛水壶，下部为盘状通电的承座，上下分开，上部水壶可方便自如地运用。电水壶以不锈钢材料制成，抛光成银白色，光亮洁净，后又推出了外表为深赭色的不锈钢电水壶。这种电水壶名为"随手泡"，一听便知是件十分方便顺手的茶器。目前大陆市场上有多家单位制造销售这种"随手泡"。

（2）紫砂小壶、品茗杯和闻香杯组合。台式工夫茶具组合中保留泡茶用的紫砂小壶，品茗杯用白瓷小杯，并增加了瓷质闻香杯。这一组合初看似乎有违传统的组合方式，但仔细研究会发现这一组合具有两大优点：第一，保留紫砂小壶，体现了从实用出发、从泡好一壶茶的要求出发的原则；第二，细化功能，提高了品茗过程的意趣。以往人们只备品茗杯，品茶时饮罢杯中茶汤再嗅杯底留香。台湾将这两项功能分在品茗杯和闻香杯上，一为品茗小杯，专事品尝茶汤，一为径细壁深的闻香杯，专用于闻杯底留香，不仅配器精彩，而且平添几分茶趣。

（3）重视茶器具的多彩性，提升品茶的品位。近30多年来，台湾茶界开发了不少茶具，形成了不少极佳的器件组合。如多种样式的茶荷，既有特色造型，又十分实用；茶汤滤漏的使用，方便了滤汤过程，确保茶汤清澈；焚香器具（包括现场制作形香的模具和焚香具），不但造型均精妙，而且有的还能控制烟云的走向。

**2. 台式工夫茶具选配**

台湾沏泡工夫茶一般选配以下十种器具。

（1）紫砂小壶（大小依品茶人数而定）。

（2）品茗杯、闻香杯组合（每人一套，与壶相配）。

（3）茶池（视需要有单层小池和双层大池之分）。

（4）茶海（作公道杯，又便于续茶）。

（5）茶荷。

（6）随手泡。

（7）水方。

（8）茶则。

（9）茶叶罐。

（10）茶盘，茶巾。

## 二、工艺花茶的器具选择

工艺花茶是近十多年兴起的一种再加工茶。这种花茶极大地改变了传统花茶的鲜花窨制茶叶，最后去花留茶的做法，而是将干花包藏于茶叶之中。冲泡时茶叶渐渐展开，干花吸水慢慢开放，大大提高了观赏性。工艺花茶有制成草帽状的，内置菊花，名曰"锦上添花"；有贝壳状的，内置茉莉花，名为"海贝吐珠"；还有桃子状、环状等多种形状，甚是斑斓。工艺花茶从茶叶本身的特性出发，可以较直接地选择绿茶、花茶沏泡的器具，但由于工艺花茶是为创新茶饮生活、提高审美情趣而创制的，因此茶具的选配也应努力创新。所选配的茶具应具有高透明度，以方便观赏茶与花在器具中的形态；泡茶容器自身的几何形状应选用有个性的造型，以区别于一般绿茶、花茶使用的杯子。在实际中，可根据工艺花茶现有品种的特征进行选择。

### 1. 西式高脚杯

高度 15 厘米左右，上部口径 8～10 厘米。首先运用西式酒具泡工艺花茶的是上海湖心亭茶楼，初作尝试，便大受中外宾客欢迎，沿用多年，如今已成专用泡杯，如图 3—15 所示。

**图3—15** 西式酒具泡的工艺花茶

用西式高脚杯泡工艺花茶，不仅突破了传统习惯，给人耳目一新之感，而且较好地满足了便于观赏和自身造型富有特色的两项要求，视觉效果极佳，与工艺花茶相得益彰。选用这种杯子，取其大径、深壁与收底的特征，使花球茶在杯内有良好的稳定性，并适合冲泡后花朵展开距离较长的工艺花茶。如"锦上添花"，三朵菊花可在杯中层层展开，无高度不足之感。

### 2. 大口径短壁玻璃杯

一般选用透明度极高、晶莹剔透的优质大口径杯子，其造型上矮胖一些，适宜冲泡后花朵在横向展开的工艺花茶。如"海贝吐珠"，一串茉莉花横漂于杯中，很是好看。

### 3. 其他造型、工艺富有特色的茶具

工艺花茶泡杯新选择的实践，说明了在日常茶饮生活中和各类茶事活动中，应努力创新茶具组合，不拘泥于传统和现有的选配组合方式，不断变革、创新，以达到美化茶事、雅化生活的效果。当然，这种新选择、新组合应确保性能、功能符合冲泡、品饮的特定要求，并保持中国传统茶文化的韵律和情调。

## 三、茶具的组合配置及简约方法

为了适应不同场合、不同条件、不同目的的茶饮过程，茶具的组合要求也相距很大。

### 1. 茶具组合的四个层次

（1）特别配置。特别配置讲究精美、齐全、高品位。按照茶的泡饮艺术乃至某种文化创意选配一个组合，茶具件数多、分工细，使用时一般不使用替代物件，求完备不求简捷，求高雅决不粗俗，甚至件件器物能引经据典，有典故、有出处依据、有文化含意。

（2）全配。全配以齐全、满足各种茶的泡饮需要为目标，只是在器件的精美、质地、艺术等要求上较"特别配置"低些。

（3）常配。常配是一种中等配置，以满足日常一般需求为目标。如一个方便倒茶弃水的茶池（茶船），配一大一小两把茶壶，方便依客人数量的多少换用，再配以杯盏、茶叶罐、茶则、茶海（茶盅）即可。常配在多数饮茶家庭及办公接待场所均可使用。

（4）简配。简配有两种，一种是日常生活需求的茶具简配，一种是方便旅行携

带的简配。家用、个人用简配一般在"常配"基础上，省去"茶海""茶池"，杯盏也简略一些，不求与不同茶品的个性对应，只求方便使用而已。

### 2."无我茶会"茶具的简约组合

"无我茶会"是台湾陆羽茶艺中心研创的一种茶会形式，创始与推广已有超过20多年的历史，并多次在福建、浙江等地举办大型"无我茶会"，广大茶人积极参与并给予赞誉。"无我茶会"中由四对八件组成的一套茶具（见图3—16），是值得学习推广的简约组合方法。

（1）壶与杯。要求壶的容量大小与杯的数量相匹配。

（2）盅与盘。泡好的茶倾入茶盅内，以盅分茶入杯及为茶侣添茶；盘子用来端杯、盅，也是不可缺少的。

（3）热水瓶与茶巾。选用保温效果优异的旅行式保温瓶。市售档次较高的

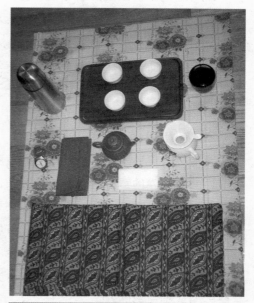

**图3—16** "无我茶会"四对八件一套的茶具

真空不锈钢质旅行保温瓶，细长灵巧，不易污损。当然，一条茶巾也是必备的。

（4）计时器与茶具包。备手表为看时间，以遵守茶会规定的各项程序；泡茶计时器为自己把握茶汤浓度和滋味而用。茶具包则是所有茶具的行囊，各种茶具均可有条不紊、可靠地一一放入，行动自如，收放快捷。

这套茶具组合不仅适应参加"无我茶会"，也是外出、旅游及邀友品茶的简约组合，甚至家中品茶一角也可放置一套，随时可以以茶待客（旅行保温瓶和茶具包可略）。"无我茶会"这套茶具组合的出现，意义不仅在于茶会创意者设计了一套实用的茶具，更在于启发我们茶具以实用、需求为上，工艺性、艺术品位等均可依个人所爱、场所条件及聚会特征做出不同的配置。

## 四、茶器具的清洁与保养

茶器具的清洁保养工作可以视为茶事的一个组成部分，一般来说有以下几项工

作要认真做好。

### 1. 清洁工作

无论是泡茶前还是品饮茶后，器具的清洁工作必不可少。"洁器雅具"是茶艺的要素。茶为洁物，品饮为雅事，器具之洁无疑不可忽视。一般泡茶前应先行将所有器具检查一遍并逐一做好清洁工作，其中壶杯器具应洗烫干净，抹拭光亮备用，茶匙组合等器件也应抹拭一遍。茶饮结束后，也不能忘记以布巾擦拭，泡饮用具中的茶壶、茶杯尤应先清水、后热水烫洗干净，拭干后收放起来，防止残留水痕和尘埃污染。

### 2. 注意洁壶养壶

无论是瓷壶还是紫砂壶，都应注意不积污垢。紫砂应从新购时做起，经常性地养壶，并以茶人的恒心持久专心地去做，如经常在泡茶时以热茶水浇淋壶身，经常以布巾擦拭壶身。茶饮毕后不要让所剩茶叶（渣）在壶中储留过久。无论是茶壶还是茶杯，一般尽量不要让内壁积垢。茶垢也叫茶锈，是由于茶叶中茶多酚具有较强的氧化性能，在水中极易氧化成棕褐色的胶状物质，吸附于壶杯内壁而成垢，尤其是粗陶表面毛糙更易堆积。茶垢中含有多种金属物质，可对人的消化、营养吸收乃至脏器造成不良影响。

### 3. 妥善保管防止破损

茶器具应有专门的收存容器和空间，并置于不易被碰撞的地方。常见杯口缺损、壶盖碎裂，弃之可惜，用之不适；而竹木质茶匙组合用具因易折断，故影响使用，常见的是茶匙弯头处及茶针尖端易被碰断弄折，应予重视。茶器具收存时应备专用的巾布、软纸予以包裹、垫衬，使之安全。齐全、良好的器具才能不妨碍泡茶、品茶时的好心情。

茶叶是生活所需物质，茶艺正在生活中普及，充满文化韵味的茶事在生活中不断地上演着，茶器具的内容及组合将随着时代的前进及人们对茶饮生活的更高要求而不断发展。

思考题

1.在历史上，茶具与食具、酒具共用的原因主要有哪些?

2.《茶经·四之器》的意义主要有哪几方面?

3.茶器具分类一般有哪几种方法?

4.现今茶器具组合包括哪四个部分?

5.茶器具的技术特性包括哪八项?

6.选配茶具应在工艺上把握哪四个要点?

7.茶器具的组合配置有哪四个层次?

8."无我茶会"一套简约茶器具配置是指哪"四对八件"?

# 第4章
# 泡茶用水

**引导语**

　　要真正品尝到一杯名茶的独特风韵，使名茶本身的色香味形得以最充分的发挥，除了选择合适的茶具、掌握适当的水温、加上合理的冲泡方法外，泡茶所用的水质是关系到能否泡好一杯茶的重要因素。我们常说"水为茶之母，器为茶之父""龙井茶，虎跑水""蒙顶山上茶，扬子江中水"，说明好茶还需用好水冲泡，才能相得益彰，名茶用好水冲泡，可以更显名茶本色，美上加美。我们的许多先人对煮茶、泡茶的用水十分讲究。

　　本章详尽介绍自然界的各种水源以及经人工加工处理后的各种水质的特点，以便学员以后泡茶选用更好的水。

学习目标

熟悉自然界的各种水源及经人工加工处理后的

各种水质的特点。

掌握不同的水质泡茶所产生的不同的效果。

熟练掌握合理选择泡茶用水。

# 第 1 节　古人择水

古人对泡茶、煮茶的用水十分讲究。明代张大复在《梅花草堂笔谈》中谈道:
"茶性必发于水,八分之茶,遇十分之水,茶亦十分矣;八分之水试十分之茶,茶
只八分耳。"由此可见,古人认为,水的质量比茶叶的质量更为重要。茶圣陆羽在
《茶经》中写道:"其水,用山水上,江水中,井水下。其山水,拣乳泉,石池漫流
者上。"宋代蔡襄在《茶录》中说:"水泉不甘,能损茶味。"宋徽宗赵佶在《大观
茶论》中对水的评价是:"水以清、轻、甘、洁为美。"

历代茶人对水质的研究很深,其中专门论述水的著作就有很多,如唐代张又新
的《煎茶水论》、宋代欧阳修的《大明水记》、叶清臣的《述煮茶水品》、明代徐献
忠的《水品》、田艺衡的《煮泉小品》、清代汤蠹仙的《泉谱》等。除此以外,还有
更多的著作中有专门论述水的章节。由此可见,古人对水质的重视程度。

中国古代的文人雅士、品茶高手在对煮茶、泡茶过程中的每个细节都颇为讲究
的同时,更注重煮茶、泡茶的水质,他们想方设法地品尝各地名泉,不厌其烦地探
讨各种水质的优劣。相传,唐代陆羽和刑部侍郎刘伯刍将品尝到的各种水分别评为
二十等和七等。在各种水源中,泉水是首推的水源。其次,江水、河水、溪水、井
水、雨水、雪水等各种自然界的水源,均可用来煮茶、泡茶。

## 一、泉水

由于经过砂石过滤渗出地面,泉水水质清澈甘爽,历来受到爱茶人的喜爱,一
直被人们作为煮茶、泡茶的首推水源。

在中国,有五处泉水被称为中国"五大名泉",它们分别是中冷泉、惠泉、虎
丘观音泉、虎跑泉和趵突泉。

### 1. 中冷泉

中冷泉就是历史上赫赫有名的扬子江南零水、扬子江心第一泉,现在镇江金山
寺西面不远的石弹山下。泉周围有石栏并建有亭楼。清代书法家王仁堪为中冷泉书
写了"天下第一泉"五个大字,这块石碑至今还在(见图4—1)。自唐代起,历代

达官贵人、文人学士都对中泠泉表现出极大的兴趣。唐代刑部侍郎刘伯刍和陆羽分别把"扬子江南零水"评为第一和第七，唐代诗人白居易将中泠泉水和蒙顶山茶相匹配，写下了"蒙顶山上茶，扬子江中水"的诗句。

**图4—1** 中泠泉

中泠泉历史上所处的位置是在扬子江的中心，要取泉水必须划小船到江中心，然后用一只特制的取水壶（叫水葫芦）取水。取水时，水葫芦靠其上的铜丸的重量下沉，沉到江底一个合适的位置，牵动绳索打开壶盖，注入泉水，再牵动铜丸，使其居于壶顶中央，压着壶盖，再将水葫芦提出水面。由于取中泠泉十分不易，取水时稍不留意，就不能取到真正的中泠泉，因此中泠泉显得特别珍贵。中泠泉十分难得，许多人又非常仰慕能品到中泠泉，所以中泠泉被评为第一泉也就不足为奇了。

在漫漫的历史长河中，长江上游的泥沙不断流向下游，使长江下游的江面逐渐变窄，到了清朝，中泠泉也慢慢地被移到岸上，泉眼完全露出了地面。一旦易于汲取，中泠泉也就真相大白。因此，这天下第一泉逐渐被冷落也是必然的。

**2. 惠泉**

惠泉地处江苏无锡的锡惠公园内。泉水清澈如镜，常年涌流不止。据《无锡县志》等书记载：惠泉源于若冰洞，为唐代大历十四年开凿，围砌了上、中、下三个泉池，分别用石条为栏，池深三四尺。凑巧的是，陆羽和刘伯刍不约而同地将惠泉评为第二泉。从此，惠泉更是名声大作，不少名人雅士慕名而来，争相品饮惠泉山水，并品茶吟诗，作画著文。临别时，还要带上一瓮或几瓮，有的还雇船装水，回家细细享用或馈赠亲友。

相传唐朝宰相李德裕嗜茶如命，品尝了惠泉水后，竟令地方官将水装入坛中，由快马铺递，不远千里，运送到长安。宋代的蔡襄、欧阳修、苏轼等人都品尝过惠泉水。为了尽情享受此番"天赐"，在浙江做地方官的苏轼索性"独揽天上小团月，来试人间第二泉"，坐在惠泉边上开怀畅饮。受其影响，许多地方官员也如法炮制，亲临惠山，品泉饮茗，乐此不疲。

惠泉也受到了历代皇帝的钟爱，对茶学造诣很深的宋徽宗将惠泉水列为贡品"月进百坛"，细细享用。宋高宗品泉后，下令在上、中池上建"二泉亭"，并亲自题了"活水源头"四个字。清康熙、乾隆二帝更是对惠泉推崇备至，他们分别六下江南，每次必到惠泉品茗，并为惠泉吟诗题字。据说，康熙作的此类诗有数首，而乾隆作的则有五十余首。这些诗高度赞扬了惠泉水，不少文人墨客对惠泉水也倍加赞赏，他们以优美的语言、丰富的想象，为惠泉留下了无数的诗画，其中比较著名的有唐代的皮日休、皇甫冉、李绅、王武陵，宋代有苏轼、梅尧臣、秦观、黄庭坚、杨万里、蔡襄等，明代有涂有贞、文徵明等，清代有梁佩兰、王士禛等。元代书法家赵孟頫的题字至今仍留在二泉亭内（见图4—2）。

**图4—2** 惠泉

### 3. 虎丘观音泉

观音泉在虎丘观音殿后，泉井所在的小院清静幽雅，圆门上刻有"第三泉"三个大字（见图4—3）。观音泉又名"陆羽井"。据《苏州府志》记载，陆羽曾在苏州寓居，发现虎丘泉水清冽洁莹，甘美可口，便在虎丘山上挖了一口泉井，所以得名。其实这只是后人的猜测而已。陆羽评苏州虎丘寺石泉水为第五，而刘伯刍评苏州虎丘寺石泉水为第三。

**图4—3** 虎丘观音泉

虽然虎丘观音泉被评为第三泉，但是和赫赫有名的虎丘山相比，虎丘泉显得有点寒酸。早在宋代，虎丘泉就建有茶室。相传郡守沈揆常在此煮茶宴坐。元朝名士顾璞也夸口"陆羽井"："雪霁春泉碧，苔浸石碧青，如何陆鸿渐，不入品茶经。"但是，文人墨客对虎丘观音泉的赞咏和第二泉惠泉相比，可以说是小巫见大巫，相差甚远，甚至还比不过第四泉虎跑泉和济南城中的第五泉趵突泉。

### 4. 虎跑泉

在中国诸多名泉中，虎跑泉名声最大（见图4—4）。虎跑泉位于杭州西子湖畔的虎跑山上的虎跑寺中，泉旁书有"天下第四泉"五个大字。相比之下，虎跑泉的名气要远远超过中泠泉、惠泉、虎丘观音泉。那虎跑泉为什么只排行于第四呢？原来，历史上陆羽、刘伯刍评天下名泉等次时连吴淞江、淮水都在名列之中，而虎跑泉却榜上无名。那是因为陆、刘两位生活的中唐晚期，虎跑泉还未出现，更未出名。相传，唐代元和年间（此时陆、刘均已谢世）有个名叫性空的僧人见虎跑山环境优美，便想建座寺院，但无水源。正无奈之际，一日夜里，梦见一神仙告诉他："明日有二虎将南岳童子泉移来。"第二天果然见有二虎"跑地作穴"，涌出泉水。当然这仅是传说，实际上虎跑泉同其他名泉一样也有其地质学依据。虎跑泉的北面是林木茂密的群山，地下是石英砂岩，天长地久，岩石经风化作用产生了许多裂缝，地下水通过砂岩的过滤慢慢涌出。该泉可溶性物质较少，总硬度低，每升水中只有 0.02 毫克盐离子，所以水质极好。虎跑泉水量充足，大旱不涸，水流不断。

**图 4—4** 虎跑泉

历代文人学士吟咏虎跑泉的诗词也很多。晚唐诗人成彦雄在《煎茶》中写道："虎跑泉畔思迟迟。"宋代苏轼和袁宏道分别作有两首题为《虎跑泉》的诗作，清代姚燮和黄景仁也各有两首同名诗赞美虎跑泉。

虎跑泉和虎丘泉的"两虎之争"，可能还与当地所产的茶叶有关。

在明代，虎丘的天池茶一直被列为上品，而龙井茶只是初露锋芒，根本无法和天池茶一比高下。虎丘泉加上天池名茶，自然居于虎跑之上。明代后期，虎丘天池茶衰弱，而龙井茶蒸蒸日上，尤其是清代乾隆皇帝品饮后，名气更大。作为和龙井茶相提并论的虎跑泉，自然名气就远远大于虎丘泉了。

## 5. 趵突泉

被称为济南七十二泉之冠的趵突泉，位于济南市西门的趵突公园内（见图4—5）。趵突泉有三股泉水，从泉池面涌出，高数尺，犹如沸水澎湃。宋文学家、唐宋八大家之一的曾巩在《齐州二堂记》中称该泉为趵突泉，"趵"，跳跃之意，"趵突"形容泉水的突涌，并称赞趵突泉"润泽真茶味更真"。清代刘鹗在《老残游记》中有下述描写："三股大泉，从池底冒出翻上水面有二三尺高。"著名文学家蒲松龄则认为趵突泉是"海内之名泉第一，齐门之胜地无双"。清同治年间，王钟霖在泉旁石碑上书"第一泉"三字。因此，许多人都错认为又是一个天下第一泉。但从明清的诗文来看，趵突泉应为泉城济南第一泉，而并非天下第一泉。

趵突泉水从地下石灰岩溶洞中涌出，最大涌量达到每天24万立方米，出露标高可达26.49米。池水清澈见底，水质清醇甘冽，含菌量极低，经化验符合国家饮用水标准。泉水温度一年四季恒定在18℃左右，严冬水面上水气袅袅，像一层薄薄的烟雾，一边是泉池幽深、波光粼粼，一边是楼阁彩绘、雕梁画栋，构成奇妙的人间仙境，当地人称之为"云蒸雾润"。

**图4—5** 趵突泉

中国地大物博，幅员辽阔，几乎各地都有泉水，其中优良的泉水不计其数，只不过是不为人知。由于地质、土质等各种原因，各处的泉水也有区别。

明代张源在《茶录》中说："山顶泉清而轻，山下泉清而重，石中泉清而甘，砂中泉清而冽，土中泉淡而白，流于黄石为佳，泻于青石无用，流动者良于安静，负阴者胜于向阳，真源无味，真水无香。"可见古人对各种泉水的划分是多么的细致。

## 二、江水、河水、溪水

古人煮茶，首选泉水，但江水、河水、溪水也并不逊色。陆羽所列的二十等水中就有江水和溪水，如吴淞江水、严陵滩水。宋代诗人杨万里曾这样描写江水煮茶的风味："江湖便是老人崖，佳处何妨且泊家，自汲江松桥下水，垂湖亭上试新茶。"

江水多是地面水，由于不停地流动，通常含有较多的泥沙悬浮物以及动植物腐败后生成的有机物等不溶于水的物质。因此，取江水必须有条件地选择。陆羽在《茶经》中说"其江水取去人远者"；明代许次纾在《茶疏》中说"黄河之水，来自天上，浊者土色也，澄之即净，香味自发"，品饮了黄河水后他对黄河水的评价是"饮而甘之，尤宜煮茶，不下惠泉"。

江水、河水、溪水只要水质清澈、纯净，用来煮茶或泡茶也别有一番风味。

## 三、井水

中国古代的一些茶学著作中认为，井水试茶不如泉水、江水、河水。陆羽《茶经》中说"其水山水上，江水中，井水下"，明代徐渭《煎茶七类》中也说"品泉以井水为下"，明代屠隆在《考槃馀事》中的解释更为细致："井水，脉暗而性滞，味咸而色浊，有妨茗气，试煎茶一瓯，隔水观之则结浮腻一层，他水则无此，其明验也。"

但是，井水是否宜于煎茶、泡茶也不能一概而论。由于地表土质所含的矿物成分不同，井有浅井，有深井，有的井污染严重，而有的井清澈洁净，因此井水的水质区别很大。井水属地下水，因此矿物质含量较高，用来泡茶，有损茶味。但也有少数例外。湖南长沙城内著名的"白沙井"（见图4—6）是从砂岩中涌出的清泉，水质极好，而且终年长流不息，用来泡茶，香味俱佳。一般来说，农村的井水比城市的井水要好，深井水比浅井水要好，常汲的水比不常汲的水要好。陆羽《茶经》中说"井水取汲多者"，宋代唐庚《斗茶记》中也说"水不问江井，要之贵活"。所以用井水泡茶，必须有条件地选择。

**图4—6** 长沙白沙井

## 四、雨水、雪水

雨水、雪水被古人誉为天泉。

用雨水烹茶，古人有不少论述。明代熊明遇《芥山茶记》中说："烹茶之功居大，无山水则用天水，秋雨为上，梅雨次之，秋雨冽而白，梅雨醇而白。"用雨水烹茶，以秋雨为好，因为秋高气爽，空气清新，杂质少，降水不被污染。然而有的茶学家却推崇梅雨。明代罗廪在《茶解》中说："煮茶须甘泉，次梅雨水，梅雨如膏，万物赖于滋养，其味独甘，梅后不堪饮。"

然而，历代茶学家更推崇雪水，特别在北方，雨水少，雪水就显得更为重要。明人谢肇制在《五杂俎》中说："然自淮而北，雨水苦黑，不堪煮茗矣。惟雪水冬月藏之，入夏用乃绝清。夫雪固雨所凝也，宜雪不宜雨，何哉？或曰北方瓦屋不净，多用秽泥涂塞故耳。"历代文人对雪水泡茶十分重视。唐代大诗人白居易《晚起》诗中有"融雪煮香茗",宋代著名词人辛弃疾《六幺令》词中有"细写茶经煮香雪"。清代曹雪芹在《红楼梦》中描写妙玉用五年前收集的梅花上的雪水泡茶,林黛玉尝不出来,被讥为"大俗人"。

雨水、雪水由于所含矿物质较少,只要清澈、洁净,用来泡茶,也不愧为好水。

# 第 2 节　古人储水

古人饮茶用水,难得天然佳品,因此茶学家们千方百计地将一般的水质进行改良、提高。

明人张大复《梅花草堂笔谈》中说:"贫人不易致茶,尤难得水。"名茶难得,而好水更为不易。所以古人一旦获得好水,十分珍视,必定妥善保管。

明代许次纾《茶疏》中说:"甘泉旋汲,用之斯良,丙舍在城,夫岂易得,故宜多汲,贮以大瓮,但恐新器,为火气未退,易于败水,亦易生虫。久用则善,水性忌木,松杉为甚,木桶贮水,其害滋甚,洁瓶为佳耳。"

古人不仅对储水的容器非常讲究,而且在储水过程中千方百计地提高水质。

## 一、石洗法

明代田艺蘅《煮泉小品》中说:"移水以石洗之,亦可以去其摇荡之浊滓。"即让水经过石子过滤后再饮用。这样不仅可提高水质,而且能使久储的水恢复新鲜度。

## 二、净水法

古人用一种烧红的灶土,投入水中来净水。明人罗廪《茶解》中说:"大瓷瓮满贮,投伏龙肝(即灶中心干土也)一块,乘热投之。"还有的采用鹅卵石与木炭来净水。明人高濂《遵生八笺》中说："大瓮收藏黄霉雨水、雪水，下放鹅卵石十数石，经年不坏。用粟炭三四寸许，烧红投淬水中，不生跳虫。"这种方法不知是否有效，但干土、木炭具有吸附作用，可吸附水中各种杂质，这一净水的原理和现代净水器的原理是相同的。

## 三、水养法

古人认为，名泉既然难得，寻常水只要保养得当，并略作加工同样可以和名泉相媲美。明人朱国桢《涌幢小品》中说："家居若泉水难得，自以意取寻常水，煮滚入大瓷缸，置庭中，避白色，俟夜，天色皎洁，开缸受露，凡三夕，其清澈见底，积垢二寸、三寸，亟取出以坛盛之。烹茶与惠泉无异。"

古人喝不到惠泉水，就千方百计想了个"自制惠泉水"的办法。

清人顾仲《养小录》中介绍了一种更为复杂的养水方法。《养小录》中说："于半夜后舟楫未行时，泛舟至中流，多带罐、瓮，取水归。多备大缸贮下，以青竹棍左旋搅百余，急旋成窝，急住手，箬篷盖盖好，勿触动。先时留一空缸，三日后，用木勺于缸中心轻轻舀水入空缸内，原缸内水取至七八分即止，其周围白滓及底下泥滓，连水洗去尽。将别缸水如前法舀过，又用竹棍搅，盖好。三日后，又舀过，去泥滓。如此三遍，预备洁净灶锅，入水煮滚透，舀取入罐。每罐先入白糖霜三钱于内，入水盖好。一二日后取供煎茶，与泉水莫辨，愈宿愈好。"为喝到好水，古人真是动足了脑筋。

## 四、水洗法

"水洗法"是乾隆皇帝的创造发明。乾隆皇帝是位精于茶道的天子，他平时最爱喝的水是北京颐和园西面的玉泉山的玉泉水。为了制定天下名泉的名次，他特地制了一只银斗。巡行天下时，随驾随带。每到一处，便由内侍精量当地名泉，衡量结果是北京玉泉水最轻，于是乾隆将玉泉山水定为"天下第一泉。"在他出巡时，便以玉泉水随行。然而，时间一长，玉泉水色味不免有变，乾隆令人将玉泉水和当地一般的泉水放在一起，搅浑后让其沉淀。因玉泉水轻浮在上面，将上面清澈的水舀出，经一般泉水"洗"过之后，玉泉水又"色故如焉"。

# 第 3 节 古人评水

古人评水，主要有两种方法。

## 一、按名次排列

各种水应按优劣排列名次，人们以陆羽将水排列为二十等第以及唐代刑部侍郎刘伯刍将水排为七等为依据。于是，评出了好几个"第一泉"：陆羽的庐山康王谷帘泉水，刘伯刍的扬子江南零水（即中泠泉），明代朱权《茶谱》中的青城山老人村杞水，明代许次纾的黄河水，等等，究竟哪个是第一，各有各的理由，谁也说不清。

## 二、以感官辨别

另一种观点则认为，中国的泉水有几十万处，其中名泉至少也有几万处，凭某个人品尝后，就下定义排列名次，只能代表某个人的看法。中国天下名泉，只要水质清澈、纯净，都可用于泡茶、煎茶。宋徽宗赵佶《大观茶注》中论，水以清轻甘洁为美，轻、甘乃水之自然，独为难得。

古人品水，虽曰中零，惠山为上，然人相去之远近，似不常得，但当取山泉之清洁者，其次为水之常汲者为可用；若江河之水，则鱼鳖之腥，泥泞之污，虽轻甘无取。

中国古人品水，是运用感官来鉴别水质，虽然看似简单，但根据宋徽宗《大观茶论》中所说的"水以清、轻、甘、洁为美"，是有一定科学道理的。

所谓"清""洁"，就是要求水质清澈、洁净，即无色透明，无沉淀物，这是最基本的要求，也是一种常识。"轻"也是古人评水的一条标准，现代科学中运用化学仪器分析，"轻"的水所含矿物质较少，用来泡茶，色香味俱佳。

"甘"是水的滋味。明屠隆说："凡水泉不甘，能损茶味。"如果这句话倒过来说，即是水甘则能助茶味。虽然说不出水甘的原因，然而泡茶、煎茶确实以水甘为上。

# 第4节　现代人泡茶用水的选择

泡茶如何选水？现在市场上的水各种各样，令人眼花缭乱。由于不同的水中所含的物质成分不一样，因此营养价值和口味也不一样。从泡茶角度来讲，用口味鲜爽的水泡茶，能把茶的色香味充分地发挥。但是，口味好的水并非是营养价值高的水。那么泡茶究竟应当选择什么水呢？

## 一、国家饮用水标准

对泡茶用水的选择，最基本的一条是必须达到国家或地方饮用水特定标准的，而且是取得"生产许可证"的单位生产的水。也只有这样的水，才是卫生、健康、安全的水。

根据2012年7月1日实施的《生活饮用水卫生标准 GB 5749—2006》，我国饮用水水质常规指标及限值主要包括以下四项。

### 1. 微生物指标

不得检出总大肠菌群、耐热大肠菌群、达产埃希氏菌；菌落总数在1毫升水中不得超过100个。

### 2. 毒理指标（见表4—1）

**表4—1　毒理指标**

| 名称 | 指标/毫克·升$^{-1}$ | 名称 | 指标/毫克·升$^{-1}$ | 名称 | 指标/毫克·升$^{-1}$ |
|---|---|---|---|---|---|
| 砷 | < 0.01 | 镉 | < 0.005 | 铬（六价） | < 0.05 |
| 铅 | < 0.01 | 汞 | < 0.001 | 硒 | < 0.01 |
| 氰化物 | < 0.05 | 氟化物 | < 1.0 | 硝酸盐 | < 10（以N计） |

续表

| 名称 | 指标 / 毫克·升$^{-1}$ | 名称 | 指标 / 毫克·升$^{-1}$ | 名称 | 指标 / 毫克·升$^{-1}$ |
|---|---|---|---|---|---|
| 三氯甲烷 | < 0.06 | 四氯化碳 | < 0.002 | 溴酸盐 | < 0.01（使用臭氧时） |
| 甲醛 | < 0.9（使用臭氧时） | 亚氯酸盐 | < 0.7（使用二氧化氯消毒时） | 氯酸盐 | < 0.7（使用复合二氧化氯消毒时） |

**3. 感官性状和一般化学指标**

除不得有异臭、异味，不得有肉眼可见物以外，其余化学指标见表 4—2。

表 4—2　感官性状和一般化学指标

| 名称 | 指标 / 毫克·升$^{-1}$ | 名称 | 指标 / 毫克·升$^{-1}$ | 名称 | 指标 |
|---|---|---|---|---|---|
| 铝 | < 0.2 | 氯化物 | < 250 | 耗氧量 | < 3 毫克·升$^{-1}$（CODMn 法，以 $O_2$ 计） |
| 铁 | < 0.3 | 硫酸盐 | < 250 | 阴离子合成洗涤剂 | < 0.3 毫克·升$^{-1}$ |
| 锰 | < 0.1 | 溶解性总固体 | < 1 000 | 色度 | < 15 度（铂钴色度单位） |
| 铜 | < 1.0 | 总硬度 | < 450（以 $CaCO_3$ 计） | 浑浊度 | < 1 度（NTU，散射浊度单位） |
| 锌 | < 1.0 | 挥发酚类 | < 0.002（以苯酚计） | pH 值 | 6.5～8.5 |

**4. 放射性指标**

总 α 放射性小于 0.5 贝可/升，总 β 放射性小于 1.0 贝可/升。

## 二、茶与水的关系

人们饮茶一般要求茶汤明亮度好，香味鲜爽度好，所以要选用理想、合适的水泡茶，以获得最佳的冲泡效果。从泡茶角度来说，影响茶汤品质的主要因素是水的硬度。含有较多量的钙、镁离子的水称为硬水；反之，含有少量的钙、镁离子的水称为软水。1升水中含有10毫克氧化钙称为硬度1度，硬度0～10度为软水，10度以上为硬水，硬度超过25度的水就不能饮用了。水的硬度还分为碳酸盐硬度和非碳酸盐硬度两种：前者含有碳酸氢钙或碳酸氢镁，为暂时硬水；后者含有钙和镁的硫酸盐或氯化物，为永久性硬水。通过煮沸，暂时硬水中的钙镁，生成不溶于水的碳酸盐而沉淀，就变成了软水。我们平时用铝壶烧水，壶底出现一层白色的沉淀物，就是碳酸盐。在普通气压下，永久性硬水煮沸后不产生沉淀，仍未得到分解。

水的硬度和pH值关系密切，而pH值又影响茶汤色泽及口味。当pH值大于5时，汤色加深；pH值达到7时，茶黄素就倾向被氧化而损失。其次，水的硬度还影响茶叶中有效成分的溶解度，软水中含有其他溶质少，茶叶中有效成分的溶解度就高，口味较浓，而硬水中含有较多的钙镁离子和矿物质，茶叶中有效成分的溶解度就低，所以茶味较淡。如果水中铁离子含量过高与茶叶中多酚类物质结合，茶汤就会变成黑褐色，甚至还会浮起一层"锈油"，造成无法饮用。如果水中镁的含量大于2毫克/升，茶味变淡。如果钙的含量大于2毫克/升，茶味变涩；如果达到4毫克/升，则茶味变苦。由此可见，泡茶用水，以选择软水或暂时硬水为宜。

## 三、各种水质的特点

在城市，各种天然水难得，人工加工水自然就成了人们最常用的饮用水的主要水源。一般加工水所要达到的效果是"卫生、健康、味纯"。目前，人们饮用比较多的加工水主要有以下几种。

**1. 自来水**

自来水是加工水中最普通的水，也是我国城镇居民的主要饮用水。自来水的水源一般为江河湖泊，经人工净化，消毒处理，一般均能达到我国卫生部制定的饮用水的卫生标准。自来水虽可用于泡茶，但由于水中过量的氯化物消毒，会严重影响茶汤品质。并且，氯化物在消毒的同时，也会带来游离氯对各种有机物的氯化作用，包括含二噁英在内，危害人体的健康。为了消除氯气，可将自来水静置一天，待氯气挥发或净化后，再煮沸泡茶，效果就不一样了。经过处理后的自来水也是较理想的泡茶用水。自来水一般是暂时硬水，煮开后，再煮 1 分钟左右，即可除去水中的部分矿物质，泡茶效果会更好些。但是，如果煮沸时间太长，水中的二氧化碳消耗会损失鲜灵的水味，而且产生亚硝酸盐，不但口味不佳，而且对身体也不利。

**2. 净化水**

主要是通过净水器过滤后产生的水。目前市场上供应的净水器价格相差很大。价格便宜的一般是一级过滤到二级过滤，即经过纤维棉滤芯和粒状活性炭过滤。纤维棉滤芯主要是去除水中尘土、铁锈、沙砾。粒状活性炭过滤可以去除水中氯气味以及甲烷、农药残留、部分重金属等有害物质。应该说，经两级净化后的水，无论从卫生、健康，还是口味来说，都已经是不错的水了。价格高的多级过滤净水器，则是再通过微孔陶瓷、微孔膜、逆渗透膜、中空纤维膜、离子交换树脂膜、紫外线杀菌等，这些材料或是单一使用，或是组合使用（即多级过滤），通过隔离、吸附、杀灭等方法，去除杂质，消灭细菌，软化、净化水质。从泡茶角度来说，树脂膜过滤可软化水质，除去水垢，活性炭过滤能去除异味，使水质更加甘醇甜美。

**3. 纯水**

在桶装水和瓶装的饮用水中，纯水占了很大的比例。现代人在追求"无污染，更纯净"的同时，认为喝纯水是最卫生的。其实，纯水在滤去了水中有害、有毒物质的同时，也滤去了对人体和泡茶口味有益的矿物质营养，长期饮用纯水，不仅对人体健康不利，而且从泡茶角度来说，并不是说所有的矿物质对泡茶口味都是不利的。有人做过实验，在水中掺入各种矿物质，溶解成各种各样的水，然后分别品尝其口味。实验结果表明，少量的钙和硅酸混合后，加入少量钾后的水，喝起来甘甜味美。如果水中的钙含量少，钾的含量多，水就变咸；水中含有一定量的硅酸，水的口味就比较甘甜。因此，纯水只能说是一种很卫生的水。其他水如富氧水、磁化水、离子水等主要是以健康为目的，从泡茶角度来说，和纯水一样，虽然效果也不错，但同一些天然水相比，仍有很大的差距。

### 4. 矿泉水

矿泉水是指人工开采或自然涌出的来自地下深处、未受污染的地下矿水，含有一定量的矿物盐、微量元素或是二氧化碳气体。在通常情况下，矿泉水化学成分、流量、水温等指标在天然波动范围内相对稳定。由于所含的锂、锶、锌、碘化物、硒、溴化物、偏硅酸等含量较高，因此矿泉水属于硬水，用于泡茶，茶汤色泽暗淡，口味和香气均不佳。矿泉水虽然对补充人体的微量元素有一定的作用，但是长期饮用同一品牌或同一水源的矿泉水会造成人体中某些微量元素过量。

### 5. 天然水

天然水包括江、河、湖、泉、井及雨水和雪水。用这些水泡茶，应注意水源、环境、气候等因素，判断其洁净程度。

在天然水中，泉水是泡茶最理想的水。泉水从地下或岩石缝中流出，经地层反复过滤，去掉了杂质，透明度高，污染少，涌出地面后，沿溪间流淌，吸收了足够的空气，增加了溶解氧，同时，在二氧化碳的作用下，溶解了钠、钾、钙、镁等多种化学元素。泉水虽属暂时硬水，但加热后，呈酸性碳酸盐状态的矿物质被分解，释放出碳酸气，口感鲜醇爽口。有些泉水中还有一种稀有气体——氡。当泉水中氡的含量达到一定程度时，即称为氡水，口味则更清鲜甘洌。

由于各种泉水的水源和流经途径不同、含盐量与硬度等均有很大的差异。因此并不是所有的泉水都是优质的。有的泉水含有硫黄，饮用后会引起中毒。

## 思考题

1. 中国历史上的五大名泉分别是什么？

2. 古人用哪些方法使水在储存过程中得到进一步改良？

3. 根据国家饮用水标准，菌落总数在1毫升水中不得超过多少个？

4. 根据国家饮用水标准，硬水超过多少度不能饮用？

5. 净水器中的树脂膜和活性炭的作用分别是什么？

# 第5章
# 茶艺技能

**引导语**

茶艺技能，既包含茶艺冲泡的技术又包含茶艺冲泡的艺术，它涉及茶叶、水、茶具、时间、环境等诸多因素，把握这些因素之间的关系，是茶艺冲泡的基本技能。

本章着重介绍了各因素在茶艺冲泡中的作用、茶艺演示的相关要求以及茶艺演示等茶艺技能。

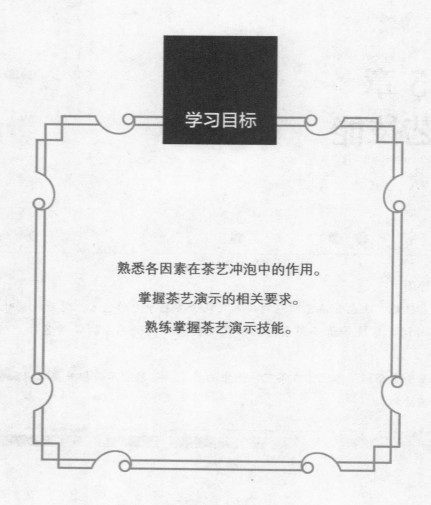

学习目标

熟悉各因素在茶艺冲泡中的作用。

掌握茶艺演示的相关要求。

熟练掌握茶艺演示技能。

# 第 1 节　各因素在茶艺冲泡中的作用

　　茶艺冲泡，是用开水浸泡成品茶，使茶叶中可溶物质溶解于水，成为可口茶汤的过程。

　　茶叶中的各化学成分是组成茶叶色、香、味的物质基础，其中多数能在冲泡过程中溶解于水，从而形成茶汤的色泽、香气和滋味。茶艺冲泡时，应根据不同茶类的特点，调整水的温度、浸润时间和茶叶的用量等因素，从而使茶的香味、色泽、滋味得以充分发挥。

## 一、时间

### 1. 浸泡时间

　　（1）浸泡时间对茶汤色泽变化的影响。茶汤色泽是茶叶中有色物质溶解于水后综合反映的结果，如图 5—1 所示。茶叶的有色物质主要有叶绿素、叶黄素、胡萝卜素、花青素和茶多酚的氧化物等。绿茶茶汤色泽变化的原因，主要是茶多酚类物质黄酮类及其糖苷物被氧化。绿茶用开水冲泡后，开始是绿中透

**图 5—1　茶汤色泽**

黄，随着时间的延长，茶汤的颜色慢慢变成黄绿色，再变成黄褐色。乌龙茶茶汤色泽变化主要是茶多酚、茶黄素和茶红素所致，因此冲泡后的茶汤颜色呈黄红色，但随着时间的延长，茶汤颜色由于这些物质的进一步氧化而加深。

　　（2）浸泡时间对茶汤滋味的影响。茶叶中可溶物质作用于人的味觉器官使人产生茶汤滋味。茶汤滋味有多种，主要有涩味、苦涩味、苦味、鲜爽味、甜醇味等。

根据研究测定，茶叶经沸水冲泡后，首先从茶叶中浸提出来的是维生素、氨基酸、咖啡碱等；浸泡到3分钟时，上述物质在茶汤中已有较高的含量，使茶汤喝起来有鲜爽、醇和之感；随着茶叶浸泡时间的延长（约5分钟时），茶叶中的茶多酚类物质被陆续浸提出来，这时的茶汤喝起来鲜爽味减弱，苦涩味等相对增加。因此要泡上一杯既有鲜爽之感又清澈明亮的茶，对普通等级红、绿茶来说浸泡3~4分钟后饮用较好。一般品茶是边饮边泡。一泡茶香气浓郁，滋味鲜爽；二泡茶厚重浓郁，但味鲜爽不如前泡；三泡茶香气和滋味已淡乏。要欣赏好茶汤滋味，应充分运用舌头这一感觉器官，尤其是利用舌中最敏感的舌尖部位来享受茶的自然本色。

**2. 冲泡时间和次数**

茶叶冲泡的时间和次数差异很大，这两者与茶叶种类、泡茶水温、用茶数量和饮茶习惯等都有关，不可一概而论。

如用茶杯泡饮一般红、绿茶，每杯放干茶3克左右，用沸水150~200毫升冲泡，4~5分钟后便可饮用。这种泡法的缺点是：水温过高，容易烫熟茶叶（主要指绿茶）；水温较低，则难以泡出茶汁；因水量多，往往一时喝不完，浸泡过久，茶汤变冷，色、香、味均受到影响。改良冲泡法是：将茶叶放入杯中后，先倒入少量开水，以浸没茶叶为度，加盖3分钟左右，再加开水到七八成满，即可趁热饮用。当喝到杯中尚余1/3左右茶汤时，再加开水，这样可使前后茶汤浓度比较均匀。据测定，一般茶叶泡第一次时，其可溶物能浸出50%~55%；泡第二次时，能浸出30%左右；泡第三次时，能浸出10%左右；泡第四次时，则所剩无几了。所以，通常以冲泡三次为宜。

颗粒细小、揉捻充分的红碎茶与绿碎茶，用沸水冲泡3~5分钟后，有效成分大部分已被浸出，可一次快速饮用。饮用速溶茶，也是采用一次冲泡法。

品饮乌龙茶多用小型紫砂壶。在用茶量较多（约半壶）的情况下，第一泡1分钟就要倒出来，第二泡1分15秒，第三泡1分40秒，第四泡2分15秒。也就是从第二泡开始要逐步增加冲泡时间，这样前后茶汤浓度才比较均匀（具体时间应视茶而定）。

冲泡水温的高低和用茶数量的多少，也影响冲泡时间的长短。水温高，用茶多，冲泡时间宜短；水温低，用茶少，冲泡时间宜长。冲泡时间究竟多长，以茶汤浓度适合饮用者的口味为标准。

据研究，绿茶（见图 5—2）经一次冲泡后，各种有效成分的浸出率是大不相同的。氨基酸是茶叶中最易溶于水的，一次冲泡的浸出率高达 80% 以上；其次是咖啡碱，一次冲泡的浸出率近 70%；茶多酚一次冲泡的浸出率较低，为 45% 左右；可溶性糖的浸出率更低，通常小于 40%。红茶在加工过程中揉捻程度一般比绿茶充分，尤其是红碎茶，颗粒小，细胞破碎率高，所以一次冲泡的浸出率往往比绿茶高得多。目前，国内外日益流行袋泡茶。袋泡茶既饮用方便，又可增加茶中有效物质的浸出量，提高茶汤浓度。据比较，袋泡茶比散装茶冲泡浸出率高 20% 左右。

**图 5—2** 散装绿茶

## 二、茶叶品质

茶叶中各种物质在沸水中浸出的快慢，还与茶叶的老嫩和加工方法有关。氨基酸具有鲜爽的性质，因此茶叶的氨基酸含量直接影响茶汤的鲜爽度。名优绿茶滋味之所以鲜爽、甘醇，主要是因为氨基酸的含量高和茶多酚的含量低。夏茶氨基酸的含量低而茶多酚的含量高，所以茶味苦涩，从而便有了"春茶鲜、夏茶苦"的谚语。需要指出的是，茶叶质量的高低，不但要靠仪器，而且还需要靠人的感觉器官来评审，因此要经过长期的实践和锻炼才能掌握。

## 三、温度

茶叶中检测出组成茶香的芳香物质有 500 余种。这些物质一般在沸水冲泡过程中能发挥出来，其速度与温度成正比，水的温度高时香气发挥得多而快，水温低时香气发挥得少而慢。

冲泡水温还受到其他一些因素的影响。

### 1. 温壶

置茶入壶前是否将壶用热水烫过，会影响泡茶用水的温度。热水倒入未温热过的茶壶，水温将降低。所以如果不实施"温壶"，水温必须提高些，或浸泡的时间稍长些。

### 2. 温润泡

所谓温润泡，就是第一次冲水后马上倒掉，然后再冲泡第一道（不一定要实施），这时茶叶吸收了热量与水分，再次冲泡时，可溶物释出的速度将加快，所以经过温润泡的第一道茶，浸泡时间要缩短。

### 3. 茶叶冷藏

冷藏或冷冻后的茶，如果没有放置至常温即行冲泡，应视茶叶温度酌量提高水温或延长浸泡时间。

冲泡水温应以能充分引发茶的滋味、香气而不破坏茶叶营养成分为原则。例如：对于比较细嫩的高档红茶、绿茶（洞庭碧螺春、南京雨花茶等），如果用沸腾的开水冲泡，会使茶叶泡熟变色，茶叶中高含量的维生素等对人体有益的营养成分会遭到破坏，从而使茶的清香和鲜爽味降低，叶底泛黄；如果用80~85℃的开水冲泡，可使茶汤清澈明亮，香气纯而不钝，滋味鲜而不熟，使人获得精神和物质上的享受。

乌龙茶以天然花香而得名，但由于采摘的鲜叶比较成熟，因此在冲泡中除用沸腾开水冲泡外，还需用沸水淋壶，目的是提高温度，使茶香充分发挥出来。

茶叶香气是一种挥发性物质产生的，随着茶汤逐渐冷却，香气也自然消失，但好的茶叶冷却后还有香气，这称为冷香。冷香在冲泡过程以及品饮中也应该注意。

## 四、投茶量

茶叶用量应根据不同的茶具、不同的茶叶等级而有所区别。一般而言，细嫩的茶叶用量要多，较粗的茶叶用量可少一些，即所谓"细茶粗吃""粗茶细吃"。

普通的红、绿茶，每杯投入茶叶（干茶）2~3克，第一泡可冲开水100~150毫升左右。因人们习惯浓饮乌龙茶，注重品味和闻香，所以要汤少味浓。用茶量以茶叶与茶壶比例来确定，通常茶叶体积占茶壶体积的1/2~2/3。普洱茶有的采取壶泡，通常以10克左右的干茶投入壶中，冲入沸水500毫升。

另外，用茶量的多少还要因人而异。如果饮茶人是老茶客或是体力劳动者，一般可以适量加大茶量；如果饮茶者是新茶客或是脑力劳动者，可以适量少放一些茶叶。

应注意茶不可泡得太浓，因为浓茶有损胃气，对脾胃虚寒者更甚。茶叶中含有鞣酸，太浓太多，可收缩消化道黏膜，妨碍胃吸收，引起便秘和牙黄。同时，喝太浓的茶汤和太淡的茶汤，不易体会出茶香嫩的味道。古人谓饮茶"宁淡勿浓"是有一定道理的。

## 五、茶具

茶叶与茶具的搭配是很重要的，需要"门当户对""意气相投"，这是泡好茶的一大要素，所以有"器为茶之父"之说。

茶具应包括泡茶时用的主茶具和一些辅助用品，以及备水、备茶的器具，如图5—3 所示。

**图 5—3** 茶具

一般来说，饮用花茶，为有利于香气的保持，可用壶泡茶，然后斟入瓷杯饮用；饮用大宗红茶和绿茶，注重茶的韵味，可选用有盖的壶、杯或碗泡茶；饮用乌龙茶则重在"啜"，宜用紫砂茶具泡茶；饮用红碎茶与工夫红茶，可用瓷壶或紫砂壶来泡，然后将茶汤倒入白瓷杯中饮用；如果是品饮西湖龙井、洞庭碧螺春、君山银针、黄山毛峰等细嫩名茶，则用玻璃杯直接冲泡最为理想；至于其他细嫩名优绿

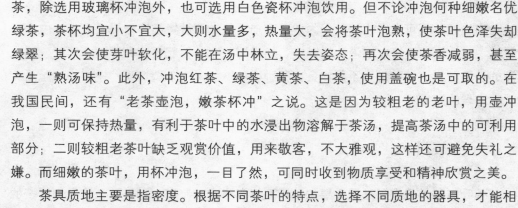

茶，除选用玻璃杯冲泡外，也可选用白色瓷杯冲泡饮用。但不论冲泡何种细嫩名优绿茶，茶杯均宜小不宜大，大则水量多，热量大，会将茶叶泡熟，使茶叶色泽失却绿翠；其次会使芽叶软化，不能在汤中林立，失去姿态；再次会使茶香减弱，甚至产生"熟汤味"。此外，冲泡红茶、绿茶、黄茶、白茶，使用盖碗也是可取的。在我国民间，还有"老茶壶泡，嫩茶杯冲"之说。这是因为较粗老的老叶，用壶冲泡，一则可保持热量，有利于茶叶中的水浸出物溶解于茶汤，提高茶汤中的可利用部分；二则较粗老茶叶缺乏观赏价值，用来敬客，不大雅观，这样还可避免失礼之嫌。而细嫩的茶叶，用杯冲泡，一目了然，可同时收到物质享受和精神欣赏之美。

　　茶具质地主要是指密度。根据不同茶叶的特点，选择不同质地的器具，才能相得益彰。密度高的器具，因气孔率低、吸水率小，可用于冲泡清淡风格的茶。如冲泡各种名优茶、绿茶、花茶、红茶及清香乌龙等，可用高密度瓷或银器，泡茶时茶香不易被吸收，显得特别清冽。透明玻璃杯可用于冲泡名优绿茶，香气清扬又便于观形、色。而那些香气低沉的茶叶，如铁观音、水仙、普洱等，则常用低密度的陶器冲泡，主要是紫砂壶气孔率高、吸水量大，茶泡好后，持壶盖即可闻其香气，尤显醇厚。在冲泡乌龙茶时，同时使用闻香杯和品饮杯后，闻香杯中残余茶香不易被吸收，可以用手捂之，使杯底香味在手温作用下很快发散出来，达到闻香目的。器具质地还与施釉与否有关。原本质地较为疏松的陶器，如果在内壁施了白釉，就等于穿了一件保护衣，使气孔封闭，成为类似密度高的瓷器茶具，同样可用于冲泡清香的茶类。这种施釉陶器的吸水率也变小了，气孔内不会残留茶汤和香气，清洗后可用来冲泡多种茶类，性状与瓷质、银质的相同。未施釉的陶器，气孔内吸附了茶汤与香气，日久冲泡同一种茶还会形成茶垢，所以不能用于冲泡其他茶类而应专用，以免串味，这样才会使香气越来越浓郁。

# 第2节　茶艺演示的相关要求

　　茶艺演示是茶事与文化的结合体，是修养和教化的一种手段，是饮食风俗和品茶技艺的结晶。吴觉农先生在《茶经评述》中谈到，饮茶是把茶视为珍贵、高尚的饮料，饮茶是一种精神上的享受，是一种艺术，或一种修身养性的手段。茶艺演示是生活化地、科学地、艺术地展示茶的风采神韵，在行茶过程中，让人们得到美的享受和艺术的熏陶。

## 一、茶艺师的形象要求

茶艺师应注重仪表、仪容美。

仪表，是指人的外表；仪容，是指人的容貌。仪容仪表美是一个综合概念，包括三个层次的含义：一是指人的容貌、形体、体态等协调优美，是指人的自然美；二是指经过修饰打扮及后天培养而形成的美，是人的修饰美；三是指一个人纯朴高尚的内心世界和蓬勃向上的生活活力的外在体现，这是指人的内在美。所以，茶艺师首先要保持最基本的仪表仪容美。端庄、美好、整洁的仪表仪容是使茶事上升到茶艺，使事茶的过程唯美自然，让人们在品茗中得到一份宁静和快乐的前提。仪表仪容美的要求包括以下方面。

### 1. 发型

茶的本性洁净、质朴。茶艺师的发型应与世俗发型有比较明显的区别。茶艺演示具有厚重的传统文化因素，表现在茶艺师的发型应具有传统、民俗与自然的特点，原则上要根据自己的脸型，适合自己的气质，给人一种舒适、整洁、大方的感觉，不论长短，都要按泡茶时的要求进行梳理。如果染成黄发、金发，或烫发，或披发，则缺少传统意蕴。

### 2. 妆容

茶的本性是恬淡、平和，茶艺演示是雅致的茶事活动。茶艺师的妆容应清新淡雅，忌浓妆艳抹，不要佩戴夸张首饰，不可涂抹香水、香粉等有刺激性气味的化妆品，影响茶的本味。

### 3. 手相

茶艺演示是个动态的过程，行茶的过程中，双手始终处于主角地位，因此茶艺师的手极为重要，茶艺师应有洁净的双手。平时注意适时的保养，随时保持清洁、干净。指甲要及时修剪整齐，不留长指甲，更不能涂指甲油。茶性清雅、淡然，在行茶时，茶艺师手上不宜佩戴过多的装饰品，否则会有喧宾夺主的感觉。同时，茶艺师不可抹有香味的手霜，以避免可能污染茶叶与茶具。

### 4. 着装

茶艺师着装要得体，服饰要与周围的环境，与着装人的身份、节气、身材相协调，这是着装的四种基本要求（见图5—4）。茶艺演示承载着中国传统文化底蕴，表现在行茶者的服装上应具有中式、传统、民俗的特征，原则上以含有中国传统服装元素为佳；不要着无袖、透视、过于艳丽的服装。

随着茶文化的蓬勃发展，专门为茶事而设计的茶服已有多种。茶服除了符合茶事服饰的四种基本要求外，主要以民族的特色服装和中国元素为基础，具传统性、

**图5—4　着装**

民族性，属于东方文化，更能体现茶艺演示风雅的文化内涵和历史渊源，因而可以选择。而运动衣、西装、衬衫、牛仔服、T恤衫、夹克衫、休闲服等比较休闲、随意的服装，则应在茶艺演示时尽量少用。同时，鞋袜与服饰要配合协调，鞋跟宜低，符合茶艺演示端庄、典雅与稳重的感觉。

### 5. 风度仪态

风度的本意是指人的举止姿态，是一个人内在实力的自然流露，也是一种魅力。仪态是指人的言谈、举止、神情、姿态等，主要取决于人的气质、礼仪、口才、形象等，是人们最直观的素质。茶艺师风度美主要体现在仪态美和神韵美两个部分。仪态美主要表现为礼仪周全、待人诚恳、举止端庄，如站姿、坐姿、步态、言谈、面部表情、肢体语言的美感和感染力等。神韵美则是一个人的神情和风韵的综合反映。茶乃"南方之嘉木"，是大自然恩赐的"珍木灵芽"，至朴至真。行茶者的神韵美，在于举手投足都应发自自然，任由心性，毫无矫揉造作之态，动则如行云流水，静则如山丘磐石，笑则如春花自开，言则如山泉吟诉。风度仪态美的要求包括以下方面。

（1）站姿。茶艺演示中的仪态美，是由优美的形体姿态来体现的，而优美的

姿态又是以正确的站姿为基础的。站立是人们日常生活、交往、工作中最基本的举止，正确优美的站姿会给人以精力充沛、气质高雅、庄重大方、礼貌亲切的印象。

（2）行姿。稳健优美的行姿可以使一个人气度不凡，产生一种动态美。行走时，身体要平稳，两肩不要左右摇摆晃动或不动，不可弯腰驼背，不可脚尖呈内八字或外八字，脚步要利落，有鲜明的节奏感，不要拖泥带水；要自然大方、优雅从容。

茶艺演示中行姿还需与服装的穿着相协调。根据穿着服装不同，有不同的行姿。男士穿长衫时，要注意挺拔，保持后背平整，显出飘逸潇洒风姿。女士穿旗袍时，也要求身体挺拔，胸微挺，下颌微收，不要塌腰撅臀。走路的幅度不宜大，两手臂摆动幅度不宜太大，穿长裙时，行走要平稳，步幅可稍大些，转动时要注意头和身体的协调配合，尽量不使头快速转动，要注意保持整体造型美，尽量体现含蓄、典雅的风格。

（3）坐姿。仪态优美需要身体、四肢的自然协调配合，坐姿形态上的处理以对称美为宜，它具有稳定、端庄的美学特性。正确的坐姿给人以端庄、优美的印象。对坐姿的基本要求是端庄稳重、娴雅自如，注意四肢协调配合，即头、胸、髋三轴，与四肢的开、合、曲、直对比得当。

（4）转身。在茶艺演示走动过程中，向右转弯时右足先行，反之亦然。在来宾面前，先由侧身状态转成正身面对。离开转身时，应先退后两步再侧身转弯，不要当着宾客掉头就走。回应别人的呼唤，要转动腰部，脖子转回并身体随转，上身侧面，而头部完全正对着后方，眼睛是正视的。微笑着用眼看人，这种回头的姿态，身体显得灵活，态度也礼貌周到。

（5）落座。茶艺演示中入座讲究动作的轻、缓、紧，即入座时要轻稳，走到座位前自然转身后退，轻稳地坐下，落座声音要轻，动作要协调柔和，腰部、腿部肌肉需有紧张感。女士穿裙装落座时，应将裙向前收拢一下再坐下；起立时，右脚抽后收半步，而后站起。

（6）递物和接物。茶艺演示中递物的一方要使物品的正面对着接物的一方，并点头或伸掌示意。

（7）表情。茶艺演示时应保持恬淡、宁静、端庄的表情。一个人的眼睛、眉毛、嘴巴和面部表情肌肉的变化，能体现出一个人的内心，对人的语言起着解释、澄清、纠正和强化的作用。茶艺演示中，要求表情自然、典雅、庄重，眼睑与眉毛要保持自然的舒展。在茶艺演示中，更要求茶艺师神光内敛，眼观鼻，鼻观心，或目视虚空、目光笼罩全场。忌表情紧张、左顾右盼、眼神不定。

微笑可以表现出温馨、亲切的表情，能有效地缩短双方的距离，给对方留下美好的心理感受，从而形成融洽的交往氛围；微笑可以反映本人高雅的修养、待人的至诚。微笑有一种魅力，在茶艺演示中，轻轻的微笑可以吸引别人的注意，也可使自己及他人心情轻松些。但要注意，微笑要发自内心，不要假装。

### 6. 文化底蕴

中国是一个文明古国，有着悠久的历史和灿烂的文化。千百年来，形成了独特的东方文化。中国是茶的故乡，饮茶是中国人的传统习俗。因此，中国的茶艺在形成和发展过程中，吸取了中华文化的营养和精髓，并与中国文化一起成长，具有鲜明的民族特色。这就要求茶艺演示者具有一定的文化功底，这样才能表达出茶艺的"精、气、神"。

上述的茶艺演示者的形象要求，只是外向的、物质化的要求，但茶艺演示往往宛如一条清澈的小溪，让观赏者静静地体会出其中的幽香雅韵。如果茶艺师缺乏文化底蕴，只有"形似"，那么观赏者恐怕只能看到几个茶楼女子在手忙脚乱地"做戏"，没有美的享受、美的熏陶，更谈不上品出茶的真味、体悟茶的淡泊宁静了。

茶艺演示（见图5—5）是一门高雅的艺术，不同于一般的演艺表演。它浸润着中国的传统文化，透逸出中国人所特有的清淡、恬静、明净自然的人文气息。因此，茶艺师不仅讲究外在形象的要求，更应注重内在气质的培养。茶艺演示的内在气质有三个要求。

（1）自然和谐。有茶艺演示，就有与观众的交流。举止是至关重要的，人的举止表露着人的思想及情感，它包括动作、手势、体态、姿态的和谐美观及表情、眼神、服装、佩饰的自然统一。成功的茶艺演示，不只是冲泡一杯色、香、味俱佳的好茶的过程，同时也是茶艺演示者自身一次赏心悦目的享受。

图5—5 茶艺演示

因此，必须在平时的训练中全身心地投入，在动作和形体训练的过程中，融入心灵的感受，体会茶的奉献精神和纯洁无私，与观众产生共鸣。

陆羽的《茶经》将茶道精神理论化，其茶道在崇尚简洁、精致、自然的同时，体现着人文精神的思想情怀。在中国传统文化中，和谐是一种重要的审美尺度。茶道也是如此，要使人们感受到茶道中的隽永和宁静，从有礼节的茶艺表演中感悟时间、生命和价值。

（2）从容优雅。泡茶是用开水冲泡茶叶，使茶叶中可溶物质溶解于水成为茶汤的过程。完成茶艺冲泡过程容易，但茶艺冲泡过程中从容优雅的神态并不是人人都能体现的。这就要求茶艺师不仅要有广博的茶文化知识、扎实的茶叶知识、较高的文化修养，还要对茶道内涵有深刻的理解，否则纵有佳茗在手也无缘领略获其真味。

茶艺演示既是一种精神上的享受，也是一种艺术的展示，是修身养性、提高道德修养的手段。从容，并不等于缓慢，而是熟悉了冲泡步骤后的温文尔雅、井井有条。优雅，也不是故作姿态，而是了解茶、熟知茶、融入茶的意蕴后的再现。

（3）清神稳重。稳定镇静而不出差错地冲泡一道茶是茶艺表演的最基本要求。在实践中，每一个握杯、提壶的动作都要有一定的力度、统一的高度、标准的姿势。如往杯中注水都有不同的方法以及速度和角度，如图5—6所示。肩膀的动作应注重轻、柔、平衡，整个身躯必须挺拔秀美，无论坐、站、行走都要讲究沉稳和收敛。

**图 5—6** *冲泡手姿*

茶重洁性，泉贵清纯，都是人们所追求的品性。人与自然有着割舍不断的缘分。表演中追求的是在宁静淡泊、淳朴率直中寻求高远的意境和"壶中真趣"，在淡中有浓、抱朴含真的泡茶过程中，无论对于茶与水还是对于人和艺，都是一种超凡的精神，是一种高层次的审美探求。

初学茶艺者在模仿他人动作的基础上，要不断学习，加深思索，由形似到神似，最终独树一帜，形成自己的风格。要想成为一名优秀的茶艺师，不仅要注意泡茶过程是否完整，动作是否准确到位，而且要增加自身的文化修养，充分领悟其何处是序曲，何处是高潮，才能成功地为此画上圆满的休止符号。

茶艺师的内在气质直接影响到表演是否具有灵性，是否具有生命力。为了让观赏者在悠然品茗的雅致中享受到中国茶艺独有的宁静、平实的意境，茶艺师的自身修养是传递的桥梁。换句话说，具有丰富内涵的表演者能传神达意地诠释中国茶艺的博大精深。

## 二、茶艺演示的艺术造诣

茶艺演示是技术和艺术的结合，是茶艺师在茶事过程中以茶为媒体去沟通自然、内省自性、完善自我的艺术追求。茶艺师要先应顺茶性，掌握好选茶、鉴水、试温、择器，科学地编排程序，灵活掌握每一个环节，泡出茶的特性、真味，同时完善自我，修身养性，才能充分体现出茶艺的真谛。

每一名茶艺师在行茶过程中，要注重清静自然，注重轻松柔软，使人们在弥漫的茶香中感受愉悦、亲和、优雅。茶艺练习可从以下几方面入手。

### 1. 体势
指茶艺师身体姿态和身体动作帮助塑造形象，辅助口语传情达意。

（1）坐要正。头要正，下颚微收，神情自然；胸背挺直不弯腰，沉肩垂肘两腋空，脚放平，不跷腿，女士不要叉开双腿。

（2）立要直。头正肩平，眼正视，胸背挺直不弯腰，两手自然放两边，脚跟并拢不抖动。

（3）行要稳。小步行走脚步轻，步履稳健自然。

### 2. 行茶手势
行茶的整体动作应从容连绵，圆润内敛，张弛有度。

（1）取放器具手势要轻稳，位置要准确，一步到位，方便下一步的行茶步骤，要做到胸有成竹。

（2）行茶动作要柔中带刚，连绵不断，起伏自然。

（3）运转角度呈弧状圆润，含蓄优雅。手腕、小臂、肩膀的动作应配合得当，注重轻、柔、平衡，切不可直来直去，毫无美感。

（4）节奏张弛有节度，收放自如。如同一段悠扬的曲子，有连绵，有停顿，有迭起，有舒缓，有高潮，有低吟，如行云流水，如花开花落。

### 3. 态势

运用无声语言技巧，传达思想、情感和信息。

（1）表情语。也称为面语，要大胆地把目光投向观众，用眼神显示自信的魅力，表达内在的丰富情感，以热情、坦诚的眼神与观众建立友善的联系。

（2）微笑语。微笑使人亲切，微笑缩短相互之间的感情距离，微笑能把友善的情感带给观众，达到心灵的沟通。

精湛的茶技是茶艺演示的基础，也是所有茶艺师不断追求的目标。实践出真知，只有不断地学习、历练、修行，才能使技艺炉火纯青，成为一门艺术，完美地体现茶之味、茶之美、茶之性。

## 三、茶艺演示的环境及相关要求

茶艺演示是在茶艺的基础上产生的茶事活动，是一门生活的艺术。对品茗环境的追求，是历代茶人于茶事活动中自然的感悟。同时，茶艺演示是一种艺术化的艺茶过程，它所表现的过程其实就是茶的泡饮方法，具有很强的操作性和观赏性。通过对茶的泡饮方法的展示，可以体现出博大精深的中华茶文化，并给人以精神享受。这就需要事茶者借助许多客观条件，也就是茶艺的基本条件，如服饰、环境、音乐、茶器具、茶、水等来营造出品茗意境。

### 1. 茶艺演示中环境的作用及要求

古往今来，名家茶人无不注重品茗环境的选择，于茶事活动中感悟自然，期望通过"景、情、味"三者的有机结合，达到天人合一，与自然相通，陶冶情操，启迪心灵。周作人先生在《恬适人生——吃茶》中说："喝茶当于瓦屋纸窗下，清泉绿茶，用素雅的陶瓷茶具，同二三人共饮，得半日之闲，可抵十年的尘梦。"周先生寥寥数语道出茶艺真谛，涉及茶艺演示的各个环节，而且开首就讲品饮环境。可见，茶好、水灵、具精和正确的泡茶技艺是造就一杯好茶的重要条件，加上有一个清幽的环境，这时已不是单纯的饮茶了，而是一门综合的生活艺术。因此，茶的品饮、品茗环境的营造，都是很重要的。青山秀水、小桥亭榭、琴棋书画、幽居雅室，是茶艺演示最为理想的环境。

品茗的环境一般由建筑物、园林、摆设、茶具等组成。公共品茗场所，因其层次、格调不一，要求也不一样。对于大众饮茶场所，可用入乡随俗的方式来营造环境，建筑物不必过于讲究，竹楼、瓦房、木屋、草舍等都可以为公共品茗场所，先决条件是采光好，让人感到明快，室内摆设可以简朴，桌椅板凳整齐清洁即可。大碗茶也好，壶茶也罢，都应干净卫生，物美价廉。至于高档的茶馆就得更讲究一些，室内摆设精品要细致，建筑、隔间要富有特色，庭院或周围景色要美观。

在环境方面，力求体现中国传统文化中"清雅幽寂"的艺术境界（见图5—7），如仿古式的建筑格局，乡土味的装潢设计，典雅古朴的室内陈设，充满传统文化气息的书画挂轴，富有民间情调的纸灯笼、竹帘，深得传统意趣的插花焚香，雅音蕴藉的古筝音乐，曲径通幽的石子小道，清趣静寂的山水亭园……展现出一派全然民族意趣的景象。

图5—7 清雅幽寂的茶艺环境

少儿茶艺演示环境应注意活泼、快乐的特点，用切题的意境，衬托出主题的气氛。在演示过程中，还可围绕以茶文化为题材的茶画、茶诗、茶字、茶歌、茶舞的内容。在器具上，则力求通过器、物的配置和品饮的过程来表达中国文化博大精深和淡泊宁静的品性。远观之设，器物配置和布列皆雅正清绝，距离相隔，井然有序。似深藏礼仪周至，法度正方之势。

总之，茶艺演示环境要求安静清新、舒适、干净，四周可陈列茶文化的艺术品，或一幅画、一件陶瓷工艺品、一束插花、一套茶具、一个盆景等，这些都应随着主题的不同而布置，或绚丽、或幽雅、或朴实、或宁静，尽可能利用一切有利条件，如阳台、门庭小花园甚至墙角等，只要布置得当，窗明几净，都能创造出一个良好的茶艺演示和品茗环境。

**2. 茶艺演示中服饰、音乐、器具的运用**

（1）茶艺演示与服饰。服饰也是一种文化，尤其是中国的华服，是一首流动的诗，汉之大气，晋之飘逸，唐之开放，宋之雅逸，无一不具神韵。还有中国的民族服饰，更是溢彩缤纷，独具匠心。茶艺演示承载着中国传统文化底蕴，茶艺师的服装应具有中式、传统、民俗的特征。同时，服饰除了要与周围的环境，与着装人的身份、节气、人的身材协调外，也要与茶艺演示的主题相吻合。

1）一般的演示服装。贴合演示主题，适应不同季节，服饰大方忌庸俗。女士的着装常见的有色彩淡雅的旗袍，或简素的麻布衣衫、江南蓝印花布服饰，只要衣服宽松自然，不刻意紧身，艺茶时伸展自如，灵动悦目。切忌穿轻浮的袒胸衣或无袖衣、半透明衣。男士可穿中式服装或含中国元素的服装。除少儿茶艺演示者以外，不宜穿短裤或超短裙，否则有损雅观。

2）仿古茶艺演示服饰。根据所要演示茶艺的朝代而决定服装。如"唐代宫廷茶礼"演示，茶艺师的服饰应该是唐代宫廷服饰；"宋代点茶"演示，茶艺师的服饰应该是宋代服饰；"清代茶礼"演示，茶艺师应着清代特色服装等。切不可张冠李戴，随性而作，不拘小节。

3）民族茶艺演示服饰。演绎少数民族的茶艺，同样要根据所演示茶艺的民族而决定服装。如"白族三道茶"演示，茶艺师的服饰应该是白族服装；"蒙古咸奶茶"演示，茶艺师的服饰应该是含蒙古族特点的服饰；"酥油茶"演示，茶艺师应着藏族特色服装等。

另外，所有的服装要干净整洁，穿着要平整，纽扣要扣好，口袋里不要放很多的东西，否则鼓鼓囊囊影响美观。这不仅是对自己的一种尊重，也是对茶的一种尊重。

（2）茶艺演示与音乐。茶艺演示中的背景音乐，是营造、衬托现场氛围的重要环节。当优美、舒缓的音乐响起，整个艺茶空间顿时安静，事茶人、品茶人都会沉浸于其中，心也变得安静，达到此处有声胜无声的效果。温承训在《动人的音乐》中谈道："音乐是人们感情的语言。"一首好的音乐，能将茶中无法言喻的深味细腻表现出来，使茶味随着音乐在人的心中更深更远、更幽更香、更沉更静。品到深处，或知交、或故友，或清风朗月、或松涛云雾，不必言语，只需静静聆听，便知其中之味。

茶艺演示的音乐，应具有中国东方神韵的特质。或舒缓幽婉，或韵味悠长，或静谧深邃，和茶艺演示的动作相得益彰，连贯而从容，优雅而舒缓。中国民乐中有许多曲子可以选择。常用的乐曲有《春江花月夜》《渔舟唱晚》《高山流水》等传统的古典名曲。

（3）茶艺演示中茶叶的选择与茶器具的搭配。

1）茶叶应选择精良忌粗老。好的茶品，以形状、色泽、香气、味道分高低。茶艺师的第一真功夫，就是识茶。在演示中用茶必须精良，用知名度较高的名优茶更好，经讲解茶的品名后，易引起观众的好奇心，提高品尝的欲望，从而有利于提高全场气氛。用名优绿茶、上等祁红、滇红、铁观音、茉莉花茶和白茶等均可。但不宜用红碎茶、袋泡茶、速溶茶、罐装茶和杂味茶等，因这些茶不易看清外形，会使演示逊色。

2）茶器具搭配宜协调和谐。泡什么茶就应选什么茶器具与之匹配。泡茶用具的选择有观赏性和习惯性的一面，也有其科学性，但并不是一成不变的，可以进行一些适当的调整，以丰富表演的形式，增加观赏价值，只要不打破其内在的科学性即可。选择茶具，首先讲究实用、便利，其次才追求美观。茶具或典雅、或古朴，各有韵味，不需追求奢华高贵，更不要红红绿绿，奇形怪状，俗不可耐。

（4）茶艺演示中行茶程序各要素的编排。茶艺演示中的位置、顺序、动作的编排，要科学有序、顺应茶性，展示出茶的真香实味。此方面需考虑的相关因素包括：事茶者的位置；行走的路线、动作幅度；手拿器物的位置；行茶的顺序、动作；敬茶、奉茶的顺序、动作；客人的位置；茶器具摆放的位置、取用的次序，移动的顺序及路线等。人们往往注意移动的目的地，忽视移动的过程，而这一过程正是茶艺演示与一般品茶的明显区别之一。这些位置、顺序、动作，所遵循的原则是合理性、科学性，符合美学原理，及遵循茶精神"和、敬、清、寂"与"廉、美、和、敬"，符合中国传统文化的要求。一般茶艺演示中，行茶程序大致分为八个环节。

1）备具。根据所要演示的茶品选配茶器具。"良具益茶，恶器损味。"

2）布具。按冲泡需要将茶具次第摆放妥帖。

3）赏茶。表示对宾客的尊重，让宾客了解所要品饮的茶品，欣赏茶叶外形及香气。

4）温杯。温杯的作用主要在于蕴发茶香，同时也是行茶者对茶的一份尊重。温杯是行茶不可缺少的步骤。

5）置茶。根据所要演示的茶品，按一定的茶水比例取茶。

6）冲泡。根据所要演示的茶品，合理选择水温、行茶时间、注水手势，充分展示茶的本味。

7）奉茶。将沏泡好的茶送至宾客面前，随后向宾客伸出右手，做出"请"的手势，或说"请品茶"。

8）收具。将用完的茶具一一收入茶盘，起身向宾客行礼致谢后退场。

在这里，特别要谈到布具、收具的程序安排。许多学茶的人不以为然，往往觉得多此一举，毫无用处和美感。其实学习茶艺的真谛可能就在这几个动作、程序中体现。这些动作、程序看似无用，却能让学茶者在反复操练中得到提升。茶艺演示的第一要素是"静"，布具的过程就是让心静下来、放下来，静静侍茶，让品茶者静静候茶，庄重而安宁。同样，收具也是不可忽略的步骤，体现中国传统文化的圆满，有始有终。品茶过程所带来的，应该不仅仅是物质的享受，更多的应该是精神的升华。

一名优秀的茶艺师，不仅要注意自己每一次茶艺演示中仪表仪容仪态的美，也要注重自己行茶技艺的提高，更要不断修炼自己，让自己成为诗人杨万里眼中的茶人："故人气味茶样清，故人风骨茶样明。"让每次事茶过程，尽善尽美。茶艺师应以其行云流水般操作，将品者带入茶的世界，感悟茶的真谛。

# 第3节　茶艺演示

## 一、清饮类

### 1. 红茶

我国红茶的主要产地有福建、安徽、江西、云南、四川、湖南、湖北、广东、浙江、江苏等。红茶属全发酵茶类。基本特征是红汤红叶，条形细紧纤长，色泽乌润，香气持久，滋味浓醇鲜爽，汤色红艳明亮。基本加工工艺是萎凋、揉捻、发酵、干燥四个工序。不用高温杀青破坏茶叶的酶活动，而是在发酵过程中促进酶的活动，使茶多酚充分氧化，叶子变红后再干燥，成为全发酵茶类，形成红茶红汤红叶的基本特征。

红茶按制法和特性不同，有工夫红茶、小种红茶和红碎茶。工夫红茶是条形红茶，条索紧实匀称，色泽乌黑光润，汤色红亮明净，滋味浓郁甘醇，形成红茶固有的色、香、味。著名的有安徽的祁红、云南的滇红、江西的宁红等。小种红茶是福建省特有的品种，主要产于福建省崇安县（现在的武夷山市），与工夫红茶不同，小种红茶是烟熏的条形红茶，含松烟香味。红碎茶汤色深红，滋味具有浓、鲜、强等特点。红茶收敛性差，但性情温和，配上酸如柠檬、辛如肉桂、润如奶类等都能相互融合，相得益彰。红茶冲泡的水温一般要求很高。下面以祁红工夫茶为例介绍红茶的茶艺演示。

（1）行茶程序

1）备具。壶、品茗杯（4只）、茶叶罐、赏茶碟、茶则、茶匙、茶巾、烧水壶等。

2）布具。按茶具摆放位置和茶叶冲泡要求将茶具依次摆放稳妥。

3）赏茶。用茶则取茶叶适量置于赏茶碟中，供宾客欣赏干茶的外形及香气。

4）温壶。用回旋斟水法注水约1/3壶，盖上盖后右手执壶柄，左手抵壶底均匀转动一圈，弃水。

5）冲泡。执水壶用回旋斟水手法，把沸水冲入壶至八成左右。

6）温杯。轻摇品茗杯完成温杯动作。

7）分茶。把壶中茶汁用巡回分茶法——倾茶入杯。

8）奉茶。将泡好的茶放入茶盘中，端起茶盘，走向宾客，按中、左、右的礼仪依次奉茶。

9）收具。奉茶后，将茶台上的茶器具按次序收回茶盘中，行礼后端起茶盘，起身缓缓退场。

（2）品饮方法。品饮重在领略茶的香气和滋味。端杯开饮前，要先观其色，再闻其香，然后才是尝味。红艳油润的汤色，圆熟清高的香气，浓强鲜甜的滋味，让人有美不胜收之感。不过，这种精神享受，需要品饮者在"品"字上下功夫，缓缓斟饮，细细品啜，徐徐体味怡然自得，"吃"出茶的真味来，真正享受到清饮红茶的这种福分。

红茶通常可冲泡三次，三次的口感各不相同，细饮慢品，徐徐体味茶的真味，才能得到茶的真趣。

### 2. 青茶

青茶又称乌龙茶，属半发酵茶类，是介于不发酵茶（绿茶）与全发酵茶（红茶）之间的一种茶类。基本加工工艺是萎凋、凉青、摇青、揉捻、干燥。

青茶既具有绿茶的清香和花香，又具有红茶醇厚的滋味，汤色黄红。叶片边缘因发酵呈红褐色，中间部仍保持天然嫩绿本色，形成"绿叶红镶边"的特色。

青茶的主要产地在福建、广东、台湾等省，以福建产量最多，名气最大。青茶一般以产地或者茶树品种命名，品种很多，主要有福建的"武夷岩茶"（见图 5—8）"水仙""乌龙""黄金桂"，以及安溪的"铁观音"；广东的"凤凰单枞"；台湾的"冻顶乌龙""包种"等。其中"武夷岩茶""安溪铁观音""凤凰单枞""冻顶乌龙"是乌龙茶中的极品。

**图 5—8** 武夷岩茶

（1）武夷岩茶。武夷岩茶产于闽北的武夷山，茶丛多生长在岩缝中，所以称武夷岩茶。该茶历史悠久，而且品种资源非常丰富。其外形条索匀整粗壮，色泽绿褐润亮呈"宝光"，叶面呈蛙皮状沙粒白点，俗称"蛤蟆背"，香气馥郁，胜似兰花而持久，"锐则浓长，清则幽远"。滋味浓醇，生津回甘。虽浓郁又不见苦涩，具有特殊的"岩韵"。叶底三分红七分绿，"绿叶红镶边"。武夷岩茶驰名中外，是与优异的自然环境分不开的。茶区气候温和，冬暖夏凉，雨量充沛，烂石砾壤，外加精湛的加工工艺特色，造就了武夷岩茶独特的"花香岩骨"。

1）行茶程序

①备具。110毫升盖瓯、品茗杯、赏茶碟、茶则、茶针、茶叶罐、茶巾、烧水壶。

②布具。按茶具摆放和茶叶冲泡要求将茶具依次摆放稳妥。

③赏茶。用茶则取适量茶叶置于赏茶碟中，供宾客欣赏干茶的外形及香气。

④温壶。左手揭盖，右提壶用回旋斟水法注水1/2杯，盖上盖后右手执壶，左手抵壶底均匀转动一圈后将壶中的水依次倒入品茗杯约1/2杯。

⑤置茶。右手揭开杯盖放在盖置上后，用茶则取茶叶罐中的茶叶置壶中（1/3～1/2壶）。

⑥润茶。加水至满而不溢，刮沫淋盖，快速出汤，倒入品茗杯。

⑦冲泡。右手执水壶，同时左手开杯盖，用沸水回旋冲水至八分满。

⑧温杯。用拇、食、中三指端依次拿起品茗杯侧放入另一杯中向内旋转，使杯在水中滚动数圈（又称"狮子滚球"）。

⑨分茶。用先"关公巡城"后"韩信点兵"的方法将茶汤均匀分入品茗杯。

⑩奉茶。将泡好的茶及盖瓯放入茶盘中，端起茶盘，走向宾客，按中、左、右的礼仪依次奉茶，并奉上盖瓯。

⑪收具。奉茶后，将茶台上的茶器具按次序收回茶盘中，行礼后端起茶盘，起身缓缓退场。

2）品饮方法。品饮岩茶，首先是举杯闻热香，然后观看汤色，接着啜上一口，含在口中，让茶香上扑，感应鼻腔；其次是舌品，通常是啜入一口茶后，用口吸气，让茶汤在舌的两端来回滚动而发出声音；或含在口中，用舌头舔而品之；饮毕，再嗅杯底。如此先嗅其香，再观其色，继尝其味，浅斟细啜，确为一种生活艺术享受。

（2）凤凰单枞茶。凤凰单枞茶产自广东省潮州市潮安县凤凰山镇。凤凰单枞茶是生长在海拔 1 497 米的凤凰山上，国家级优良品种，采用传统工艺精工制作而成的具有特殊韵味品质的乌龙茶。无论哪个品种都是条形状的，条索紧卷，灰褐色，油润有光泽，具有天然花香味、汤色金黄、花香持久、滋味甘醇鲜爽、耐冲泡的特点。冲泡步骤同武夷岩茶，也可采用盖碗泡法。投茶量可比武夷岩茶稍少一些；因此类茶外观松散，可溶性物质易溢出，所以润茶时间应比武夷岩茶更短一些。

1）行茶程序。同武夷岩茶。

2）品饮方法。追求茶香、水活、回甘。香：口含茶汤有清香芬芳之气冲鼻而出，有齿颊留芳之感，隽永幽远，清快爽适，在于茶本身的香，还有精心培育的天然花果香，绝不加任何香精。活：润滑、爽口的快感，少涩感，喉感清冽。甘：回甘快而力度强，清爽甘滑。

**3. 黑茶**

黑茶属于后发酵茶类，是我国特有的茶类。黑茶的生产历史悠久，生产区域广阔，品种花色丰富，产销量大。在湖南、湖北、广西、四川、云南等地有加工生产。黑茶类的产品普遍能够长期保存，而且有越陈越香的品质特点。制茶工艺一般包括杀青、揉捻、渥堆和干燥四道工序。主要分类有湖南黑茶（茯茶）、四川黑茶（边茶）、藏茶、云南黑茶（普洱茶）、广西六堡茶、湖北老黑茶及陕西黑茶（茯茶）（俗称黑五类）。下面以普洱散茶（熟茶）、天尖茶为例介绍黑茶的茶艺演示。

（1）普洱散茶（熟茶）。是以云南大叶种晒青毛茶为原料，再经适度潮水、堆积加速发酵（渥堆）、干燥后形成的各级号散茶。根据原料的老嫩程度，普洱散茶分 12 个级别，为宫廷普洱、特级普洱、1～10 级。普洱散茶外形条索紧结粗壮，色泽褐红，汤色红浓，滋味醇厚回甘，并具有独特的陈香。叶底红褐（俗称羊色）。

（2）天尖茶。由黑毛茶经蒸压装篓后称天尖。主要分天尖、贡尖、生尖，统称为三尖。主要产于湖南的安化地区，其制作过程是按照黑茶的制法进行的，制成的茶品黝黑发亮，外形看起来像泥鳅一样的卷，冲泡出来的茶汤橙黄亮，叶底黄褐，滋味醇厚，具有松烟香。蒸压成砖形的是黑砖、花砖、茯砖，蒸压成花卷形的有十两、百两、千两等。

（3）行茶程序

1）备具。准备茶盘、茶壶、品茗杯（也可用白瓷杯，可以更好地欣赏汤色）、茶叶罐、茶则、茶针、茶巾、烧水炉具。

2）温壶。将烧沸的开水用回旋斟水法冲入茶壶约1/2壶，旋转盖上盖后，右手执壶、左手抵壶底均匀转动一圈，弃水。

3）置茶。用茶则从茶叶罐中取适量茶叶置入茶壶。

4）洗茶。将沸水冲入茶壶，使茶壶中的茶叶随水流快速翻滚，达到充分洗涤的目的。加盖后快速将洗茶水倒掉。

5）泡茶。再次将沸水先高后低地冲入茶壶后加盖。如是久陈的普洱茶，至第十泡时，茶汤依然红艳，甘滑回甜。

6）烫盏。将品茗杯中的水依次倒掉。

7）分茶。轻提茶壶，按巡回分茶法一一倾茶入杯。

8）奉茶。将泡好的茶放入茶盘中，端起茶盘，走向宾客，按中、左、右的礼仪依次奉茶。

9）收具。奉茶后，将茶台上的茶器具按次序收回茶盘中，行礼后端起茶盘，起身缓缓退场。

（4）品饮方法。黑茶的品饮重在寻香探色，为了更好地观赏茶汤，一般可选用白瓷品茗小杯。先观汤色，而后闻香，最后还得好好地品啜。如果是陈年的普洱茶或天尖，则应在品饮的过程中细细体味经长期储存而形成的"陈香"。内香潜发，味醇甘滑，正是陈年黑茶特殊的品质风格。

普洱茶是黑茶类中较为普遍饮用的品种，经过长期存放，茶中的茶多酚类物质在温湿条件下不断被氧化，形成"陈香"是其特殊的品质风格。储存时间越长，滋味和香气越醇香，品质也越好。一般普洱茶可选用紫砂壶或盖碗冲泡，但遇储存年限较长的（如60年以上）普洱茶，建议用煮饮法。

## 二、调饮类

所谓调饮茶，是指在单品的茶汤中再加入各种调料的茶。如在红茶中加入牛奶、柠檬、糖，在绿茶中加入枸杞、菊花等。调饮茶必须以茶为主料，在泡饮过程中加入各种辅料调和后饮用。下面以祁红、滇红碎茶为例介绍红茶调饮茶的茶艺演示。

### 1. 祁红柠檬红茶

（1）行茶程序

1）备具。如意壶、料缸（糖渍柠檬切片、夹）、300毫升透明玻璃直身高杯、赏茶碟、茶则、茶针、茶叶罐、茶巾、烧水壶。

2）布具。按茶具摆放和茶叶冲泡的要求，将茶具依次摆放稳妥。

3）赏茶。用茶则取适量茶叶置于赏茶碟中，供宾客欣赏干茶外形及香气。

4）温壶。右手执壶柄，左手开盖，用回旋斟水法注水约 1/5 壶，右手执壶，左手抵壶底逆时针方向均匀转动一圈，弃水。

5）置茶。用茶则取适量茶叶置入壶中。

6）冲泡。用回旋斟水和"凤凰三点头"的手法冲水至壶约九分满。

7）温杯。用回旋斟水法注水约 1/3 杯，按逆时针方向轻轻转动杯身后，弃水。

8）分茶。每杯加方糖 1 块后，用巡回分茶法将茶汤均匀分入各杯，然后每杯茶汤中加入一片柠檬及少许柠檬汁。

9）奉茶。将泡好的茶放入茶盘中，端起茶盘，走向宾客，按中、左、右的礼仪依次奉茶。

10）收具。奉茶后，将茶台上的茶器具按次序收回茶盘中，行礼后端起茶盘，起身缓缓退场。

（2）品饮方法。柠檬红茶色泽红亮清醇，天然红茶滋味加上清爽怡神的新鲜柠檬，沁人心脾，令人愉悦。茶汤口感酸中有甜，甜中带香，鲜浓爽口，解渴怡神。一杯在手，一股清新幽雅的花果香味，尚未入口，已上心头。

**2. 滇红牛奶红茶**

（1）行茶程序

1）备具。如意壶、奶缸、300 毫升透明玻璃直身高杯、赏茶碟、茶则、茶针、茶叶罐、茶巾、烧水壶。

2）布具。按茶具摆放和茶叶冲泡的要求，将茶具依次摆放稳妥。

3）赏茶。用茶则取适量茶叶置于赏茶碟中，供宾客欣赏干茶外形及香气。

4）温壶。右手执壶柄，左手开盖，用回旋斟水法注水约 1/5 壶，右手执壶，左手抵壶底逆时针方向均匀转动一圈，弃水。

5）置茶。用茶则取适量茶叶置于壶中。

6）冲泡。用回旋斟水和"凤凰三点头"的手法冲水至壶约九分满。

7）温杯。用回旋斟水法注水约 1/3 杯，按逆时针方向轻轻转动杯身后，弃水。

8）分茶。每杯加方糖 1 块，牛奶适量后，用巡回分茶法将茶汤均匀分入各杯。

9）奉茶。将泡好的茶放入茶盘中，端起茶盘，走向宾客，按中、左、右的礼仪依次奉茶。

10）收具。奉茶后，将茶台上的茶器具按次序收回茶盘中，行礼后端起茶盘，起身缓缓退场。

（2）品饮方法。牛奶红茶色如亚麻，天然红茶的焦糖香加上浓浓的奶味，令人心旷神怡。茶汤口感鲜浓香甜，解渴怡神。

**3. 杞菊延年茶**

杞菊延年茶一般可采用大宗绿茶或龙井茶、开化龙顶茶等冲泡，不宜采用白茶等滋味较清淡的绿茶，以免茶味单薄，使辅料喧宾夺主。

（1）行茶程序

1）备具。250毫升清花盖碗杯、料缸（枸杞、菊花、小匙）、赏茶碟、茶则、茶针、茶叶罐、茶巾、烧水壶、水盂。

2）布具。按茶具摆放和茶叶冲泡的要求，将茶具依次摆放稳妥。

3）赏茶。用茶则取适量茶叶置于赏茶碟中，并加上少许枸杞、菊花，供宾客欣赏。

4）温杯。用回旋斟水法注水约1/3杯，按逆时针方向轻轻转动杯身，将杯中水依次倒入水盂。

5）置茶。用茶则取适量茶叶置于杯中，随后用小匙取枸杞约15～20粒加入杯中。

6）冲泡。待水适温时，先用回旋斟开水法注水约1/3杯进行润茶，紧接着用高冲法冲水至碗的敞口下限。

7）投菊。逐一在杯中加入2朵菊花，随即加盖，静置片刻。

8）奉茶。将泡好的茶放入茶盘中，端起茶盘，走向宾客，按中、左、右的礼仪依次奉茶。

9）收具。奉茶后，将茶台上的茶器具按次序收回茶盘中，行礼后端起茶盘，起身缓缓退场。

（2）品饮方法。杞菊延年茶由于在绿茶中加入了殷红的枸杞、淡黄的菊花，色泽鲜艳悦目；绿茶的清香中融和了淡雅的菊花香，甫一揭盖，便使人精神振奋，心生欢喜；小口啜饮，茶汤醇厚鲜爽，甘甜适口。杞菊延年茶清锐芬芳，不仅味浓色佳，而且能清心明目、滋补益寿，既是解渴的饮品，又是健身的良药。

思考题

1. 要冲泡好一杯茶，除了"三要素"的因素以外，还需要其他各因素的综合作用。请谈谈你的想法。
2. 茶艺演示者的服饰有哪些要求？
3. 茶艺演示中的行茶程序一般分几个环节？
4. 红茶在品饮时要注意哪几个方面？

# 第6章
# 茶馆管理

## 引导语

茶馆管理，实际上是指茶馆的经营与管理，经营与管理是一对既有联系又有区别的范畴。经营管理是一门学问，在经营过程中，一个不起眼的细节、一个微小的失误，都会影响茶馆企业的声誉，甚至影响到茶馆经营的成败。只有做好茶馆的各项管理工作，才能保证茶馆的经营活动正常运转，并取得良好的经济效益。

本章介绍了茶馆经营管理活动中，茶馆必须开展各项管理工作的内容、要求，以便学员在茶馆的经营管理活动中能更好地掌握和操作。

学习目标

熟悉茶馆管理活动中组织结构的作用、原则、

形式及人力资源管理的利用、开发等。

掌握茶馆管理中的各项管理制度及管理方法。

熟悉掌握茶馆经营管理中的成本核算及定价方法。

# 第 1 节　茶馆管理基础

　　茶馆起源于中国，是人们品茗、休闲、交往和交际的场所。在市场经济条件下，按照企业生产资料所有制性质划分，目前茶馆的性质有国有、集体、私营、合资、股份制等；按照经营方式划分，有直接、租赁、委托、特许转让（加盟）经营。无论哪种经济性质和经营方式的茶馆，为了实施管理职能、实现经营目标，都必须在内部建立科学合理的组织结构。组织结构是茶馆履行管理职能、实现经营目标的组织保证，建立科学合理的组织结构，在茶馆的经营管理中具有十分重要的作用。

## 一、茶馆组织结构的作用

### 1. 便于整合资源，取得利益最大化

　　合理组织人力、物力、财力，有效地开展经营活动，用较小的劳动消耗取得最佳的经济效益。

### 2. 便于明确每个工作人员的职责范围，协调分工协作关系

　　每个部门、每个层次都有明确的分工，使每个工作人员都明白自己在茶馆整体中的地位，将茶馆内部各机构的分工协作关系固定化、制度化，使经营管理活动稳定、有序、协调地进行。

### 3. 便于按管理任务的需求，履行管理职能

　　组织结构确定后，根据部门的大小、层次的高低、工作任务的繁简，组成以茶馆经理为首的统一的行政指挥系统，从而更好地履行各项管理职能，保证经营活动的正常开展。

## 二、茶馆组织结构的原则

　　茶馆应建立科学合理的组织结构，在指导思想上必须明确以经营为中心，从茶馆的经营目标和任务出发，应遵循以下一些原则。

### 1. 精简

指茶馆的组织结构必须在符合经营需要的前提下，把人员和机构数量减少到最低限度，做到机构紧凑，人员精干。

### 2. 统一

指茶馆内部各部门、各层次的建立及运转，必须有利于企业的组织结构形成一个统一的有机整体。统一的内容包括目标的统一、指挥命令的统一、重要规章制度的统一，在最高管理层的统一领导下，实行分级管理，才能保证真正的统一。

### 3. 责权对应

指茶馆在建立组织结构过程中，既要对每个部门、每个层次规定明确的职责，又要根据其职责的大小，赋予其相应的权力，做到责权一致。

### 4. 弹性

指茶馆每个部门、每个环节和每个工作人员都能自主地履行自己的职责，能根据客观情况的变化自动地调整履行职责的方式、方法，自觉地完成所承担的任务。

### 5. 效能

茶馆的组织结构合理与否，必须看它是否有利于提高工作效率和经济效率。效能原则是衡量组织结构是否科学合理的最高原则，贯彻精简、统一、责权对应、自动调节等原则的目的，都是为了提高组织结构的效能。

## 三、茶馆组织结构形式

茶馆组织结构形式是指茶馆内部所建立的组织管理体系结构，是茶馆中各部门及各层级之间相互关系的模式。

由于茶馆的经营规模一般不大，有些茶馆只是大饭店或大商厦中的一个部门，而且经营品种也较单调，因此一般茶馆均采用直线制组织结构形式。

直线制结构组织，即由企业经理直接通过一个中间环节领导和管理全体职工的一种组织形式。其特点是不设职能机构，领导关系上下垂直，形成一条直线，所以叫直线制。直线制组织结构如图6—1所示。

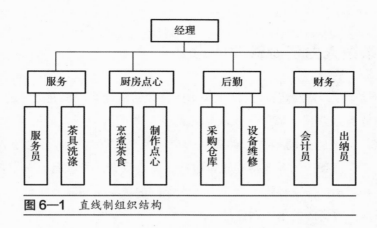

**图 6—1** 直线制组织结构

　　直线制组织结构形式的优点是：机构简单，权力集中，权责明确，上下领导关系明确，信息沟通快，解决问题及时，人员少，效率高。缺点是：缺乏合理的分工，容易造成领导者独断专行，领导者负担过重，容易陷入事务堆中去，并且经常处于忙乱状态。由于所有管理职能均由一人承担，因而需要领导者具有多方面的管理业务知识。

　　直线制组织结构形式特别适用于规模不大的茶馆。

# 第 2 节　　茶馆人力资源管理

　　人力资源是指能够推动整个经济和社会发展的劳动者的能力，即处于劳动年龄，已直接投入建设和尚未投入建设的人口的能力。如果从现实的应用形态来看，则包括体质、智力、知识和技能四个方面。

　　茶馆是以人为中心的行业，茶馆的管理，说到底就是人的管理。茶馆人力资源的管理，就是运用管理职能，对茶馆人力资源进行有效的利用和开发，以提高茶馆人员的素质，并使其得到最优的配置和积极性的最大限度发挥，从而不断提高茶馆的劳动效率。因此，加强茶馆人力资源的管理，具有极其重要的意义。

## 一、茶馆人力资源管理的意义

**1. 加强茶馆人力资源管理是保证茶馆业务经营活动得以顺利进行的必要条件**

茶馆的业务经营活动离不开人和物这两个基本因素，而人是经营活动的中心，是决定因素。员工的劳动不是一种孤立的个体劳动，而是一种分工协作的社会劳动。因此，要保证茶馆的业务活动正常进行，就必须合理招收具有一定数量和质量的劳动者，并科学安排、处理、调整人与人之间的关系，使其有机地结合起来。而这些正是茶馆人力资源的基本职能。

**2. 加强茶馆人力资源管理是提高茶馆企业素质和增强茶馆企业活力的重要条件**

在商品经济社会中，茶馆要想在激烈的市场竞争中立于不败之地，就必须提高企业素质，增强企业活力。而企业的素质，归根结底是人的素质。至于企业的活力，其源泉在于员工积极性的发挥。所以，提高员工素质，激发员工主观能动性的充分发挥，是提高企业素质、增强企业活力的关键。

**3. 加强茶馆人力资源管理是提高茶馆服务质量、创造良好社会经济效益的基本保证**

茶馆是向顾客提供茶水和服务或者出售商品来获得收益的经济组织，服务工作的优劣是茶馆能否取得良好社会效益和经济效益的决定因素。茶馆的设施、设备等物质条件是提供服务的依托，是茶馆服务质量的重要内容。但是，茶馆的服务设施、设备只有通过服务的劳动才能发挥作用，决定茶馆服务质量的关键因素还是服务人员本身具体的服务过程，而服务工作的好坏又取决于茶馆服务人员的服务意识、精神状态、心理素质、身体状况等精神因素和业务技术、服务艺术等综合素质。因此，服务工作的优劣实质上是员工素质的好坏和积极性高低的体现。要提高服务质量，以取得良好的社会效益和经济效益，就必须努力搞好人力资源管理。

## 二、茶馆人力资源的利用

### 1. 用工制度

茶馆用工制度是指茶馆与员工之间建立、变更、终止、解除劳动关系的一种法律制度。目前，我国的茶馆企业主要有三种用工制度：一是劳动合同制度，即茶馆与员工之间通过订立劳动合同来确立双方劳动关系的建立、变更、终止、解除的用工制度。二是临时工制度，即茶馆使用临时劳动者，到期可以辞退的用工制度。三是农民工制，即茶馆从农村中招用劳动力从事某种工种的制度，其特点是从农村中招收，不转户口关系，不改变农民身份，直接同农民工签订劳动合同，明确规定双方的权利和义务，劳动合同期满，劳动关系自行解除。

在上述三种用工制度中，劳动合同制是茶馆最基本的用工制度。

根据《劳动法》的规定，签订和变更劳动合同必须遵守以下三点原则。

（1）平等自愿的原则。平等自愿的原则是指在订立劳动合同时，劳动者和用人单位的法律地位是平等的主体关系。双方不存在一方为主、另一方为次，或者谁服从谁的从属关系。

（2）协商一致的原则。协商一致的原则是指当事人双方在订立劳动合同时，必须经过充分的讨论，相互了解情况后，对权利和义务的约定取得完全一致的意见。

（3）合法原则。在订立劳动合同时，劳动者和用人单位都必须严格遵守国家法律、行政法规的规定。

**2. 员工招用**

（1）茶馆的员工招用，包括招收、招聘、录用、聘用。

1）招收。招收就是依法从社会上吸收劳动力，增加新员工的一种办法。

2）招聘。招聘一般是从补员的角度出发，以在职人员和社会上闲置的专职人员为对象，通过向社会招聘或内部推荐，择优调入或聘用急需的管理人员，懂茶、懂水、懂茶器具、懂沏泡茶等的茶艺专业技术人员或其他人员。

3）录用。录用是指招收聘用人员时与员工建立劳动关系的法律行为。

4）聘用。聘用是指以招聘或聘请的形式录用或临时借用工作人员。

（2）茶馆员工的招用过程实际上也是塑造企业形象的过程。必须坚持"公开招收、自愿报名、全面考核、择优录用"的原则，并注意招用时机、招用程序的决策。

1）招用时机。要考虑到的因素，一是社会上闲散劳动力资源的状况，二是茶馆业务经营的需要状况。要从茶馆的实际需要出发，随时确定招用的时间。

2）招用程序一般要经历准备策划、宣传报名、考核录用三个阶段。

### 3. 编制定员

茶馆的人事安排中要科学合理地安排员工，首先必须有数量标准，因此编制定员就成为茶馆人力资源管理的一项基础工作。

（1）编制定员的意义和要求。茶馆编制定员，就是根据茶馆的经营方向、规模、档次、业务情况、组织结构、员工的业务素质等，本着精简用人、提高效益的原则，确定茶馆的岗位设置，规定配备各类人员的数量。

编制定员必须注意定员标准的先进性和合理性。所谓先进性，就是定员标准必须符合精简、高效、节约的原则。所谓合理性，就是定员标准必须保证茶馆业务的正常运转，保障员工的身心健康，并保持各类人员的合理配备，避免劳逸不均、窝工浪费等现象。

（2）影响茶馆劳动定员的因素。在衡量一家茶馆定员水平时，往往以茶馆的包间数量和座位数量作为依据，其实，这不能完全说明问题。影响茶馆定员的因素主要有茶馆的档次、规模、设计等方面的因素。一般来说，档次越高，服务设施就越多，服务要求也越高，因此，定员标准也越高，反之亦然。其次，茶馆的规模也会影响定员水平。如有些茶馆规模过小，但某些岗位的人员却不能因此而减少。另外，茶馆的设计布局是否合理，操作流程是否顺手，不仅会影响茶馆的服务质量，而且也直接影响到其定员水平。因此不合理的设计，只能通过增加一定的劳动力来补充。

（3）茶馆定员的基本方法。茶馆定员主要有两种方法。

1）按劳动效率定员。这是一种根据工作量、劳动效率、出勤率来计算定员的方法。

2）按岗位定员。这是按茶馆内部组织机构和各种服务设施，并考虑各个岗位的工作量、劳动效率、工作班次和出勤率等因素来确定人员的方法。

### 4. 流动管理

对茶馆员工实行动态管理，保持员工的适度流动，是改善员工队伍素质、实现人力资源最佳配置的前提条件。但是，员工的过度流动，则会影响茶馆的服务质量，并增加茶馆的人力成本而影响茶馆的经济效益。所以茶馆必须加强员工的流动管理，保持员工合理适度的流动。

茶馆员工流动管理的基本目标，是淘汰不适合茶馆职业的员工，留住称职的优秀员工并达到结构优化。要达到此目的，关键是要完善员工的使用方法，并建立相应的淘汰机制和约束机制。员工使用是指把员工分配到茶馆的具体岗位，给予员工不同的职位，赋予他们具体的职责、权利，使他们进入工作角色，为实现组织目标发挥作用，即员工的安置、运用和管理的过程。员工使用也是一个动态的管理过程，完善员工使用管理办法，给员工造就一个施展个人能力、才华的环境。据此，茶馆使用员工必须坚持六条原则。

（1）人事相符的原则。人事相符的原则即按照工作需要挑选最合适的员工。

（2）权责利一致的原则。权责利一致的原则即任何一个职位均应做到责权利相对等。

（3）用人所长的原则。用人所长的原则即根据每一名员工的能力大小，把他们安排到最能发挥特长的岗位上，使其优势达到最大的发挥和利用，从而提高工作效益。

（4）任人唯贤的原则。任人唯贤的原则即以德才统一为标准，公正平等地选用人员。

（5）优化组合的原则。优化组合的原则即试用员工时考虑彼此年龄、性格、能力、特长等各方面的因素合理搭配组合，以产生群体效益。

（6）动态控制原则。动态控制原则即员工的使用做到能进能出、能上能下和岗位之间的合理流动。

完善员工使用办法的主要目的，在于优化茶馆企业的小环境，以留住人才。但为了防止有用人才不必要的流失，茶馆还需建立和完善员工流动管理办法，以制度来约束人员的流动。除此以外，茶馆还应坚持优化组合、竞争上岗，建立必要的淘汰制，以实现茶馆人员的整体优化。

**5. 行为控制**

在人力资源管理中，为了使员工能恪尽所职，还需要对人的行为进行适当控制。要使员工的行为符合茶馆的规范，茶馆的各项制度固然重要，但还必须通过一些强化手段来保证制度的真正执行。

所谓强化，就是对员工施加压力或刺激。对员工符合茶馆规范的行为给予表扬、奖励。反之，对员工的不良行为给予批评、惩罚。要使强化有效，关键是要注意强化的准确性和一致性，要以实事求是为根据，以制度为准绳，不要以个人的好恶来评价一名员工的行为。要做到制度面前人人平等，前后一致，奖惩并举。

**6. 绩效考评**

（1）绩效考评的含义。绩效考评是按照一定的标准，采用科学的方法，考核评定员工在工作中所规定的职责和履行的程度，以确定其工作或业绩的管理办法。绩效考评的内容主要有四个方面：一是德，即员工的道德品质、思想境界的综合体现。二是能，即员工的业务能力素质，如操作能力、思维能力、组织能力等。三是勤，指员工的工作态度，如工作热情度、主动性、出勤率等。四是绩，即员工的工作业绩，包括工作的数量、质量、取得的经济效益等。通过对员工的全面考评和综合评价，判断他们是否称职，并以此作为茶馆人力资源管理的基本依据，切实保证员工报酬、晋升、调动、辞退等工作的科学性。

（2）绩效考评的原则。绩效考评的原则包括以下方面。

1）公开原则。首先要求公开评价目标、标准、方法，并且将评价信息公开。其次是评价的过程要公开，防止出现暗箱操作。最后是评价结果要公开，使被评价对象了解自己和其他人的业绩信息。

2）客观原则。要求制定绩效考核标准时尽可能多采用可量化的客观尺度，尽量减少个人主观意愿的影响，切忌主观武断和长官意志。

3）多层次、多渠道、全方位评价原则。员工在不同的时期、不同的场合往往有不同的行为表现。为此，在进行绩效评价时，应建立多层次、多渠道、全方位的评价体系，多方收集信息。这一评价体系包括竞赛、竞争、上级考核、下级评议、专家鉴定、员工自评等几个方面。

4）经常化、制度化原则。由于茶馆的经营活动、员工的工作均是连续不断地进行的，因此绩效评价工作也必须作为一项长期化、制度化的工作来抓，才能使员工克服惰性，激励斗志，最大限度地发挥出绩效评价的各项功能。

## 三、茶馆人力资源的开发

茶馆人力资源的开发，实质上是对员工体力、智力和技能等能力的开发，其主要途径是有效的培训和激励。

### 1. 员工培训的意义

现代社会发展迅速，科学技术突飞猛进，茶叶市场变幻莫测。随着人们的生活质量不断提高，茶馆的服务质量也应相应提升。针对茶馆激烈的市场竞争，必须不断地对员工进行新品种、新技术、新要求、新知识的培训。这一点，已成为越来越多茶馆企业的共识。加强对员工的业务知识培训，对茶馆的经营管理有着重要的意义。

茶馆员工的培训，是指对员工有计划地开展教育和训练的活动，其功能是提高员工的素质。茶馆员工培训的意义主要通过两方面表现。

（1）加强员工的工作责任感。通过培训，使员工可以直观地了解市场竞争，了解本茶馆在激烈市场竞争中的处境，了解茶馆经营的好坏和自身工作的关系，努力工作给自身带来的好处。

（2）开阔员工视野。当今社会各种新生事物层出不穷，各种新情况不断发生。我国茶叶产区面积广阔，茶叶品种更是数不胜数。在市场上和在茶馆工作中也经常会接触到一些新的茶叶品种。在这种情况下，就必然要了解和掌握各种茶的相关知识。培训过程中，如有条件，也可到中国各大茶区去走走，亲眼看看各种茶生长的过程、环境、生态以及加工制作，不断提高自己的专业知识。

**2. 培训工作的实施**

培训工作的实施要做好以下三点。

（1）培训内容的确定。根据茶馆的管理要求、经营目标，按照整体性、相关性的要求确定培训内容。一般而言，要因人、因事而异，根据不同的工种培训不同的专业知识。

（2）培训对象的确定。一是全员性，即茶馆的全体员工必须纳入培训范围，不经培训，不得上岗。二是层次性，培训必须分层次进行，根据内容和要求把茶馆统一培训和部门自行培训结合起来。三是自上而下，培训应从上层开始，避免上下脱节。

（3）培训的方法和形式。一是讲授法，就是由专人通过讲授形式传播知识。二是演示法，培训现场用设备或实物进行讲解示范，如用不同的茶样实物进行比较和区别。三是视听法，就是以声像等电化教学手段进行培训。四是实习考察法，就是在老师的指导下，学员进行实践操作或到茶区、茶叶市场实地考察。

茶馆员工的培训如图 6—2 所示。因考虑到员工都在实际工作岗位，可针对培训对象的工作岗位、工作时间，以全脱产、半脱产、不脱产等形式进行合理安排。此外，在茶馆营业淡季可多安排些员工培训，旺季则少安排或不安排员工培训。

图6—2　茶馆员工培训

### 3. 员工的激励

调动员工的积极性，是茶馆人力资源管理工作的中心。要有效地调动员工的积极性，必须坚持物质利益和精神鼓励同步进行。

（1）坚持物质利益，加强物质刺激。茶馆必须加强劳动报酬管理，正确地确立分配原则。劳动报酬要与茶馆的经济效益好坏、员工本人的劳动成果挂钩。工资支付要根据劳动的复杂程度、繁重程度、精确程度和责任大小来划分等级。

（2）坚持精神鼓励，引入竞争机制，增强员工的进取意识。在做法上一是可以针对大部分员工都有一种追求向上的欲望和力量，并且有一种竞争取胜的荣誉感，可以开展以提高茶馆服务质量、提高经济效益为中心的各种竞赛活动。二是要充分理解员工，增强员工的自尊意识。茶馆作为服务性行业，要取得良好的社会经济效益，就必须确立"宾客至上"的服务宗旨，但是茶馆员工同样是人，他们同样需要得到别人的尊重。这就需要必须处理好管理者和员工、员工和顾客的关系，不能使员工的自尊性受到伤害。三是要充分信任和依靠员工，让员工参与和制定茶馆的重大经营决策和财务、人事管理，赋予员工管理茶馆的民主权利，让茶馆的一切经营管理活动置于他们的监督之下。四是加强茶馆企业文化建设，增强员工的企业意识。加强企业文化建设，不仅有利于员工的自我控制，增强员工的企业意识，改善人际关系，增强企业凝聚力，而且有利于精神文明建设，树立茶馆企业的良好形象，提高企业的知名度。

# 第3节 茶馆管理制度

现代企业制度确立了一整套科学完整的管理制度。首先是通过规范的组织制度，使企业的权力机构、监督机构、决策机构和执行机构权责分明，互相制约。其次是建立了科学的企业管理制度，包括企业的机构设置、用工制度、工资制度和财务会计制度等。通过建立这些科学的领导体制的组织管理制度，来调节所有者、经营者和员工之间的关系，形成激励和约束相结合的经营机制。

## 一、经理负责制

茶馆管理中的经理负责制是茶馆管理的根本制度，经理的主要责任包括政治责任、法律责任、经济责任、对员工负责和对顾客负责。经理岗位职责包括以下内容：一是在法律、政策允许的范围内，拥有茶馆的经营决策自主权、经营活动指挥权、企业内部人事任免权、对员工的奖罚权、对外代表权，对上级部门和员工负责。二是根据市场动态，确定茶馆发展战略目标、服务宗旨，制定相应的经营方针、具体措施和服务质量标准。三是设计组织结构的设立或调整方案，任命茶馆内部部门以上的负责人员，对不同层次的员工培训创造条件。四是科学地制定岗位责任制和内部分配制度，体现按劳分配和奖惩分明的原则，建立充满活力的内部竞争机制，保证茶馆各部门工作高效、协调地进行。五是严格把握收支环节，控制茶馆费用支出，提高经济效益。六是抓好茶馆精神文明和企业文化建设，发挥党政工团在茶馆管理中的积极作用，提高员工的思想文化素质，提高企业的知名度和凝聚力。

## 二、经济责任制

经济责任制是包括责任制、考核制和奖惩制的"三位一体"的经营管理制度。它要求正确处理国家、茶馆和员工个人三者之间的利益关系，把员工的利益同茶馆的经济责任制成果及个人的劳动贡献结合起来。

经济责任制有利于打破分配上的平均主义，使职工、企业的物质利益与劳动成果相结合，符合分工协作和按劳分配的原则。

实行经济责任制，员工、企业的经济利益与企业经济效益挂钩，有利于发挥员工的能动作用，扩大收入，降低消耗，提高经营管理水平，提高茶馆的经济效益。

茶馆对国家的经济责任是向国家缴纳税金。

茶馆内部的经济责任制是以经济效益为中心，按照责、权、利相结合的原则，把茶馆所承担的经济责任加以分解，层层落实到部门或班组和个人，其主要内容有三点。

### 1. 落实经济责任

主要指标有营业收入、成本费用、资金占用、利润、人员工资总额及设备完好率等。落实指标的关键是确定经济指标基数。指标基数确定的基本依据是上年度实绩、茶馆计划年增加的有利或不利条件对基数的影响、同行业先进水平。

### 2. 实行按劳分配

经济责任制在利益分配上可根据各部门和各人创收效益的好坏、贡献大小实行按劳分配，主要形式有：

（1）计分计奖制。

（2）提成工资制。

把报酬和利润挂钩，完成利润指标，得到工资和奖金；超额完成指标，则按比例提取留成。

（3）其他形式。以经济效益为基础，承包计奖。如租赁承包，盈亏自负，按时缴纳一定的承包费和租赁费；抵押承包，以承包者个人或协同承包者集体的财产抵押取得经营权，按时缴纳承包费，盈亏自负。

### 3. 严格考核

经济责任制确定以后，必须实行严格的检查考核。考核内容中的数量指标和质量指标都要明确具体，可操作性强。为了严格准确地进行考核，应该有完整的考核制度和报表制度。茶馆每天都要考核各项指标，并在一定时期分析公布考核结果，以利于信息反馈和作为分配的依据。

## 三、岗位责任制

岗位责任制是茶馆在管理中按照工作岗位所规定的人员岗位职责、作业标准、权限、工作量、协作要求等责任制度，岗位责任制是茶馆组织管理的基础工作之一。岗位责任制设置合理，就为茶馆组织结构、茶馆管理体制奠定了基础。

岗位责任制的主要内容是生产、技术、业务各方面的职责以及对岗位承担协作的要求，为完成任务和协作要求必须进行的工作和基本方法，各项工作在数量、质量、期限等方面应达到的标准等。做到事事有人管、人人有专责、办事有标准、工作有检查。

制定岗位责任制要人人动员，全员参与，由经理或部门牵头，员工自己制定，自己执行，自己总结经验，自己修改完善。

茶馆岗位责任制的检查考核要与经济责任制的检查考核结合起来，重点是对每个人的考核。既要反映每个员工的工作情况，还要反映各岗位连续运转的情况。

茶馆建立和健全岗位责任制，必须实事求是，从茶馆本身的实际情况出发。岗位责任制要力求简明扼要，准确易懂，便于执行，便于考核。

## 四、员工手册

员工手册是规定全体茶馆员工共同拥有的权利和义务，共同应遵守的行为规范和条文文件。员工手册是茶馆里最具有普遍意义、运用也最为广泛的制度条文。

员工手册要让每名员工对茶馆的性质、任务、宗旨和指导思想、茶馆目标、茶馆精神有充分的了解。

员工手册规定了茶馆和员工、员工和员工之间的关系准则，使员工树立一种责任感和归属感。它所规定的奖惩条例，便于员工规范自己的行为举止，从而提高员工素质和茶馆的整体素质。

员工手册要明确员工在劳动合同书中附带的权利和责任，以利于员工树立责任感和团队精神。

员工手册重在务实，要杜绝空话和套话。条文内容不能与国家的法规有抵触，也不能制定得太烦琐，让人不得要领。

# 第4节 茶馆工作人员的管理和配备

## 一、工作人员的管理

### 1. 工作纪律

工作纪律是茶馆全体员工在工作过程中共同遵守的统一制度。为了加强工作纪律，必须严格考勤、考核、奖惩，尽可能做到定岗、定人、定时、定量、定标准。劳动纪律必须与经济责任制挂钩，思想教育工作与经济手段并用，奖惩结合。只有严格管理，才能建立起自觉的劳动纪律。

### 2. 劳动保护和安全

劳动保护和安全是茶馆在经营过程中，为保护员工的身心健康，消除各种不安全的事故和隐患，所采取的各种保护和预防措施。例如，茶馆在经营中整天和开水打交道，操作时应尽量避免开水烫伤自己或茶客。为预防和处理此类事故发生，茶馆应备有一些烫伤药及常用的药品。又如，茶馆内由于开空调紧闭门窗的原因，应安装换气扇，保持空气流通、清新。在加强劳动保护和安全工作中，应建立安全责任制和检查制度，对开水锅炉、煤气灶及煤气管道、电气设备和电线应定期检查，煤气开关在营业结束时，应由专人负责关闭，并做好记录；改善员工劳动条件，根据茶馆自身能力，逐步地有计划地改善劳动条件，要按国家规定的范围和标准发放保健品或保护费，保护员工的身体健康；对员工要经常进行消防和安全方面知识的培训和教育，使员工能掌握和了解相关安全知识，并在思想上重视消防和安全生产，从而确保经营活动的正常开展。

## 二、工作人员的配备

### 1. 人员分工配备

茶馆是服务性行业，在经营过程中，应当组织员工合理有效地进行劳动分工协作，以达到科学管理的目的。根据茶馆经营层次及规模，要配备具有一定经营管理能力和熟悉专业的管理人员。一般茶馆至少必须有一名中级以上的管理人员和茶艺师，并配备相应的符合工作条件和要求的服务员、辅助工和后勤人员。在考虑人员分工时，还应把各部门中的技术、专长、男女搭配好，但是由于茶馆规模一般不大，分工也不能过细，所以要做到分工与协作相结合。

**2. 人员数量配备**

茶馆人员数量的配备，主要是堂口服务部门的人员数量配备，要根据茶馆规模、营业时间确定班次，从而计算出工作人员配备的数量。

假设一茶馆共有 30 张桌子，服务班次安排为早、晚两班，根据工作量，白天工作量较小，工作定额为每人 10 张桌子，而晚上工作量较大，工作定额为每人 6 张桌子，每周实行 5 天工作制（暂不考虑其他节假日），则茶馆所需服务员数量为：

早班服务员：$\dfrac{30}{10} \div \dfrac{5}{7} = 4.2$（人）

晚班服务员：$\dfrac{30}{6} \div \dfrac{5}{7} = 7$（人）

茶馆所需服务员数量 = 早班服务员 + 晚班服务员

$$= 4.2 + 7$$
$$= 11.2 \text{（人）}$$

# 第 5 节　茶馆工作间的管理

## 一、工作间的设计

茶馆工作间的设计主要根据茶馆的经营规模。茶馆的设计图纸首先必须得到区、县级食品安全管理部门的认可。根据《上海市餐饮服务许可管理办法》的规定，茶馆自己加工点心或纯供应茶水的，其工作间面积和店堂营业面积的之比应服从区、县级食品安全管理部门的要求。

茶馆工作间一般应设两扇门，一扇作为后门，主要用于工作人员以及原料、杂物的进出，另一扇通往店堂，这扇门可开在堂口中间部位，因大门口进出的人较多，所以最好不要离大门口太近。在工作间和堂口之间还需另开设一扇窗口。为防止食品的交叉污染，茶水进、出不能在同一处。茶水的收进和送出可分别通过工作间的门和窗口。工作间一般有茶叶柜、电冰箱，还必须有专门存放已洗净消毒的茶具保洁柜。为把好茶具的清洗消毒关，工作间内至少要有四只专门用于清洗茶具的水槽，其中一只水槽内放置一只茶渣篮（可用不锈钢或塑料桶代替，桶底有许多小孔，便于漏水），一只清洗茶具的水槽，一只消毒水槽，一只冲洗水槽（上面装有过滤水龙头）。

如果茶馆自己加工点心还得另隔一间点心间，点心间内应配备点心加工台、电冰箱、原料柜、搅面机、制作点心品种所需的各种锅灶、烘箱以及清洗原材料的水槽等。

## 二、工作间的人员分工

工作间人员的分工主要有烧水、泡（发）茶、洗茶具、分装茶叶以及点心制作，一般茶馆由一人负责烧水、泡茶，另一人负责洗茶具和分装茶叶。有些规模小的茶馆，以上工作全由一个人包干。制作点心的茶馆，至少应有1~2名人员负责点心的制作和烹煮。

# 第6节　茶点的成本核算和定价

## 一、茶点成本核算

控制茶点成本是茶馆管理的基础工作，它直接影响到茶馆的信誉和竞争力。根据目前的核算制度，茶点的成本主要包括茶叶、茶食点心、瓜果、蜜饯以及制作茶食所耗用的原料和配料以及燃料费，其他房屋租金、员工工资、固定资产折旧及各种零星购置费用等均列入营业费用，不计入茶点出品的成本。

## 二、茶点定价方法

茶点定价通常把原材料成本作为成本要素，把费用、税金和利润合在一起作为毛利，其计算公式为：

$$茶点价格 = 原材料成本 + 费用 + 税金 + 利润$$

也可记为：

$$茶点价格 = 原材料成本 + 毛利$$

茶点价格的确定，必须以茶点成本为基础，并考虑市场的竞争和茶馆的实际情况，坚持"物有所值、按质论价"的原则，其定价一般有以下几种方法。

### 1. 随行就市法

这是以其他茶馆的茶点价格水平作为参照物来确定本茶馆茶点价格的方法。根据本茶馆所处的地段、环境、软硬件设施等条件和其他茶馆相比，制定出比较合理的价格，这种方法比较简便，有利于同其他茶馆的竞争。

### 2. 内扣毛利率法

这是根据茶点成本和内扣毛利率来计算销售价格的方法。毛利率是毛利占茶点销售价格的百分比。内扣毛利率法的销售价格计算公式为：

$$销售价格 = 茶点成本 ÷（1- 销售毛利率）$$

例如，一茶点原料成本为 5 元，茶馆对该茶点规定毛利率为 75%，那么该茶点的销售价格应为：

$$5 ÷（1-75\%）=20（元）$$

用这种方法定价，茶点毛利在销售额中所占比例一目了然。

### 3. 外加毛利率法

以茶点成本为基础即 100%，加上毛利占成本的百分比即成本毛利率，再以此计算茶点的销售价格，其计算公式为：

$$销售价格 = 茶点成本 × （1+ 成本毛利率）$$

例如，茶点成本为 6 元，茶馆规定该茶点的成本毛利率为 400%，则该茶点的销售价格为：

$$6 × （1+400\%） =30 （元）$$

外加法比内扣法在计算上更符合人们的习惯，但不能清楚地反映毛利在销售额中所占的比例。

### 4. 系数定价法

这种方法应根据以往的经营情况，确定茶点成本率。如计划茶点成本率为 25%，那么定价数为 $\frac{1}{25\%}$，即 4，其计算公式为：

$$销售价格 = 茶点成本 × 定价系数$$

例如，茶点成本为 10 元，其定价系数为 25%，则该茶点销售价格为：

$$10 × \frac{1}{25\%} =10 × 4=40 （元）$$

这种方法是以成本为出发点的经验法，简便易行，是茶馆常用的一种定价方法。

## 思考题

1. 根据《劳动法》的规定，签订和变更劳动合同必须遵守哪些原则？

2. 人力资源管理中的绩效考评包括哪些原则？

3. 茶馆的管理制度主要有什么内容？

4. 假设一茶馆共有 50 张桌子，服务班次安排为早、晚两班，根据工作量，工作定额为每人 5 张桌子，每周实行 5 天工作制（暂不考虑其他节假日），请计算茶馆所需服务员的人数。

5. 说出茶馆定价方法中内扣毛利率法的计算公式。